你就是太好欺负了

〔美〕大卫·西伯里
David Seabury

著

刘思慧 译

台海出版社

图书在版编目（CIP）数据

你就是太好欺负了 /（美）大卫·西伯里著；刘思慧译.
-- 北京 ：台海出版社，2024.1
ISBN 978-7-5168-3690-3

Ⅰ．①你… Ⅱ．①大… ②刘… Ⅲ．①心理学—通俗
读物 Ⅳ．① B84-49

中国国家版本馆CIP数据核字（2023）第 221429号

你就是太好欺负了

著　　者：[美]大卫·西伯里	译　　者：刘思慧
出 版 人：蔡　旭	封面设计：末末美书
责任编辑：魏　敏	版式设计：夏　天

出版发行：台海出版社
地　　址：北京市东城区景山东街 20 号　　邮政编码：100009
电　　话：010-64041652（发行，邮购）
传　　真：010-84045799（总编室）
网　　址：www.taimeng.org.cn/thcbs/default.htm
E - m a i l：thcbs@126.com

经　　销：全国各地新华书店
印　　刷：天津旭非印刷有限公司
本书如有破损、缺页、装订错误，请与本社联系调换

开　　本：880毫米 × 1230毫米　　　　1/32
字　　数：230千字　　　　　　　　印　　张：11
版　　次：2024 年 1 月第 1 版　　　　印　　次：2024 年 1 月第 1 次印刷
书　　号：ISBN 978-7-5168-3690-3

定　　价：52.00 元

思想很神奇，它们潜伏于暗处。而常常很简单的一点思想，就足以改变人生。

本杰明·富兰克林放了一只风筝；一位法国画家认为，如果他能在纸上捕捉眼睛所见的画面会很好；爱因斯坦有一个古里古怪的想法，就是光在空间里传播时会发生某种程度的弯曲——这些想法改变了无数人的生活，就好像有什么人透过这些想法伸出手，直接碰触到了我们。

有时，在生命的关键时刻，我们抓住的一个想法会帮助我们摆脱困境。这本不同寻常的书，所要带给我们的正是这样的想法——一种反传统的论点。这本书于1937年首次出版，并多次再版发行，在1937年11月被《纽约时报》列为最畅销的书籍，并被原版印刷发行11年之久。随后，其再版版本同样影响深远。

在本书引起的第一批评论中，有一篇刊行于1937年11月10日《马萨诸塞州斯普林菲尔德工会》杂志上的文章，其作者A.科里登·怀特所说的话在当时十分引人注意，值得在此重述：

说起来可能像是亵渎神明，但这本书在某些方面，可比《圣经》更好。对那些亲戚多，或者婚姻不和的家庭来说，尤其有价值……西伯里从他作为执业心理医生亲身经历的数千个案例中，提炼出一种生活理论，这种理论既合情合理，又合乎逻辑。

为何这本书能经受时间考验，并帮助了如此多的人？因为我们中的大多数人，都被恐惧支配，没有勇气对那些令我们困扰、破坏我们生活的人或环境说"不"。**我们受到的教育，让我们在拒绝别人的请求时会感到内疚——无论这个请求多么荒谬，所以我们让自己背负了全世界，忍受错误的"正直"带来的折磨。而自私的艺术，正给了我们防御的武器。**

关于这本书基本理念的正确性，在 1955 年已得到证实，当时，安妮·莫罗·林德伯格（Anne Morrow Lindbergh）那本精彩的《来自大海的礼物》（*Gift From The Sea*）成了国际畅销书，这本精心打磨的著作，向女性展示了如何与他人相处，以及如何处理生活中的问题和压力，帮助她们在面对外部的不和谐时保持内心的和谐，并教会她们如何做好这些事，却不会为自己做出了艰难的决策而感到不安——如果想过好日子，这样的艰难决策是必须要做的。

但在此之前 18 年，西伯里就已直指人际关系的基本问题，并给出了令人震惊但必要的解决方案：这是件关于自私的事。但是，谁的自私呢？他给出的答案，令许多人感到兴奋，因为它并不"符合常规"，但它帮助许多人看到了一条走出自己所处的可怕困境的路。

写这本书的最初想法来自我。我说服了西伯里博士写下它，因为我觉得，这一观点，就是一篇迫切需要发表的声明，并且定会引起诸多探讨。除此之外，我也知道在西伯里博士丰富的个人实践中，拥有无数可以阐明这一论点的案例，而且，他的智慧和技巧，足以使其引人入胜。

这本书带来了很多有益影响，但大多都是悄无声息的。现在以及以后，读者可以写信给西伯里博士，为这本书对自己的帮助表示感谢，但除此之外，人们通常都保持沉默。

但在 1962 年 11 月，这种沉默被打破了。一位著名的好莱坞女演员——取得了巨大成功的电视明星（但她不愿意在此透露自己的身份），她说，她是在自己人生摸爬滚打的阶段遇到的这本书。用她自己的话说："处在人生的低谷。"那时，她在一家二手书店翻翻找找，发现了一本又破又旧的书籍复印本。书籍标题引起了她的兴趣，或许是因为，她从小就相信事情不该是别人通常说的那个样子，而这个想法又总是让他人感到震惊。

而当她开始翻看这本书时，她所发现的一切改变了她的整个人生历程。当时浮现出的想法，把她从情绪混乱和绝望中拯救了出来：

不必为整个世界担忧：如果你这么做，你会被压垮的。一次担心一件事就行。做你自己。为你自己做点儿什么。其他的事都会顺理成章。

　　这些想法深深吸引了她。**从那时起，她所做的一切，都必须用一条规则来衡量，就是：这对我有好处吗？**如果是的话，那就不管其他人怎么想、怎么说，如果不是，她绝不会做！

　　"你无法想象，应用书里提供的方法之后，我的生活变得多么平静、有效率，"她解释说，"这本书帮我度过了人生中最糟糕的时期，而且我相信，倘若任何一个人认真读过它，并且有毅力地、坚定地执行了它惊人但实用的理念，它都能带来这样的帮助。这需要勇气，因为人们会说三道四，特别是那些本来'骑在你头上'的人。但是你要坚定，做对自己有益的事。这样你就会跟我一样发现，最终，**对自己有好处的事，也会对他人有益。**"

　　"不"这个字，或"我不做"这个短语，是保护自己的一个重要武器。由此，当然，这是一本处理自私问题，准确来说是处理他人的自私问题的手册。**他们说你自私，其实这自私是他们自己的，而不是你的。一旦你意识到这一点，你就走上了顺顺利利而又快快乐乐的人生康庄大道。**

亚文·苏斯曼

> 说真的，这些事压迫我们太久了。
>
> 我们想要一些方法，
>
> 来战胜这个贪婪的世界的辖制。

导语　时代的挑战

如果有什么方法，可以让人从此不再为生活烦心，那大多数人都想知道这个方法。神秘主义者可能和我们谈论来世的回报，专家学者们会跟你讨论拉丁文化的衍生，或者第四维度。而我们这些人，在日常生活中苦苦挣扎，不过是希望就此时此地找到一些解决生活问题的方式。

我们距离喜乐还有多近，距离痛苦尚有多远？——这就是问题。忍受命运流箭飞矢的攻击，兴许是高尚的，但我们肯定不喜欢，而且说真的，这种夺走人性命的工具在我们的时代也不常见了。

按理说，人性当中，也该有一些武器，能像机枪一样有效地保护我们，保护我们远离职场、家庭和社会上没完没了的烦恼，说真的，这些事压迫我们太久了。我们想要一些方法，来战胜这个贪婪的世界的辖制。

有方法吗？悲观主义者说，没有。而道德家吼着说，你必须背负你的重担。至于圆滑世故的人，他们说，世界就是这个样子。

然而，这怎么也无法说服我，我们人类的智慧，可以将原子分解，可以把人送往外太空，但却找不出一种方法令自己活得舒服点儿？

倘若我们的社会形态建设能跟上物质建设的步伐，那一切都会变好。但事实上，我们的工业发展到今天，经济与社会伦理水平却仍留在过去，至于文化和政治上，想要适应人类的需求，恐怕落后了一千年。此等头重脚轻的环境，已然不适宜我们继续生存下去。我们必须加以改变——要么干脆放弃技术，要么改变习俗。

我很好奇，你是如何应对你自己的烦恼的？你与亲戚相处，有比你的祖辈那个时代的相处方式更舒服一些吗？你的孩子们容易管吗？你的工作比打猎简单些吗？你交的税，比旧时代的税金更少吗？

有人觉得，文明令我们生活舒适，我们的国家逐渐变得软弱。但我不觉得我们有多文明。我们建造办公楼和地铁，它们宏伟矗立，然后我们像野蛮人一样在里面推推搡搡；我们创造了一套法律，一套伪善的道德观，而这套虚伪的道德在我们不愿沦为它的奴隶时，还让我们假装圣人，否定了自己的一切需求。

如果我们的内心就是野蛮人，却伪装出天使的外在呼扇双翼，掩盖自己的掠夺行为，这也根本于事无补。唯有保持诚实，遵守符合我们本性的道德观，才能令我们脚下的路走得更远。

现今社会还存在一个严重的问题，就是我们的思想还跟几个世纪前一样守旧迷信，这直接妨碍了我们攻克人生难题——如果一个人想要治疗痛风，他就得倒立着，然后让人挖出他的眼睛，你会怎么想？这就是一种过去流行的方法，倘若你处于那个时代，就必须按照这种方法做事。

从前，人们为了讨好上帝，举行各种奇怪的仪式，成天活在对禁忌的恐惧中。而今天的神——"别人会怎么想我"这座神——带来的危害同样不浅。在一些国家，苍蝇被视为圣物，杀死苍蝇是一种罪恶。结果，病毒肆虐，孩子们生病发烧，挣扎在痛苦中。在美国，我们也有跟这水平差不多的禁忌，许多问题也因此根本无法解决。你无法处理强势的亲人带给你的压力，内心的软弱妨碍了我们的人生发展——正如以前的人在糟糕的环境里活不长那样。

以前，为了敬拜上帝，社会可能让你把孩子献上祭坛。现在，你或许会同样以"不自私"之名献祭他们，就好像有些坏影响，你明知道它们会伤害孩子弱小的心灵，还是会让它们进入家门。今时今日，人们还是害怕行使自己的权利，这种害怕，就像为信仰而迫害异教徒一样愚蠢，而这种愚蠢会让我们付出极大的代价。

人类进步的下一步，就是抛掉这些愚蠢的负担——那些我们误以为是道德价值，并把它们神圣化的负担——并接受自然法则。在科技和学术领域，我们已经做到了。我们不相信华尔街下面有一条冥河，还有个神秘地狱，等着吞噬贪财鬼；我们也不认为走到地球边缘就会掉下来。

在物理领域，我们早已放弃迷信，但是如果你向一个内心被恐惧充满，遵循着老一套习俗的人说，他应该抛弃黑暗的旧时代（一个把探索人生奥秘视为罪恶的时代）的伦理道德，他会深感震惊，伤心地看着你，难过地摇摇头。

我们人类最糟糕的地方，就是这种傲慢的以自我为中心。这种自我杀掉了所有挑战愚昧制度的先知。这种自我让我们接受愚蠢行为，这些愚蠢行为的伤害绵延数个世纪。这种自我让我们始终觉得只有因循守旧才是正确的。

人类对待科学问题之前就是这个态度，现在，在对待经济学和法律上面，它仍占据主导地位。

只有让真实超越这种无知，我们才能战胜困难。我们不可能长期忍受那些无法适应环境、无法做出改变的事物。拿一块木头犁地，或者乘坐圆木过河，这些都还有用；奴隶制也曾有其价值；至于拜木制神像，总比毫无信仰要好。

那么，是否因为它曾经有效，我们就该保持这种习惯？——我们在道德领域就是这种态度。

许多所谓的聪明人，仍然否认自我的权利，而且显然对困难的本质理解错误。他们觉得人性是邪恶的，因此就该压制本能。而遭遇不幸，是在惩罚自己的错误行为，是上帝高居其宝座，对忤逆的臣民施以纪律。

世上有病毒存在，这是一种不幸。要横穿沙漠才能到达丰饶的绿洲，要砍伐森林才能栽种粮食，这些事都很困难，但不是谁为了惩罚我们故意安排的。生命是建立在宇宙法则上的，我们的困难，来自我们要克服原始的自然环境，同时，我们也要克服人性中同样原始的力量。培养心智，正如开垦土地一样，是正确的努力之路，是通往科学和艺术之路。胜利翱翔，必建立于一步步脚踏实地的基础上。

在这个充满危机的时代，如果我们处理人类意识这个问题，无法拿出征服物质世界时同样无畏的精神，那么我们就无法征服这一领域。如果我们想要获得新生，想要掌握人性中蕴藏的力量，那我们就得像把控自然之力一样把控它们。唯有如此，人类才可避免走上自我毁灭之路。

这意味着，我们必须掌握和遵守两大主要原则，并在日常生活中应用它们。第一条，我称之为"生命的基本法则"；第二条，我把它叫作"人际关系魔法公式"——你应该也同意，人生主要目标，是获得内心满足且与他人和睦共处。

基本法则可以概括为六个字：**绝不自我妥协。无论情况如何，无论问题多么紧迫，永远不要放弃自己的人格的完整性。**因为，比起坚持自我，当你放弃的时候，你会更为悲伤懊悔，而这最终会伤害所有人。

魔法公式也可以用六个字概括：**绝不自我满足。切勿自高自大，只会发泄情绪；面对生活，切勿自我膨胀或放大自己的骄傲。**为求胜利，必须遵从自然。毕竟，大自然的意志——而非我们自己的意志——是无所不能的。

这并非屈从于偏见，也非回归古老陈旧的价值观。它关乎科学，或者说本身就是科学。想要获得快乐，我们必须观察生活是什么，发现它是如何运转的，要持续观察，直到发现问题的本质。这在主观意识领域里，跟在机械运作领域里一样重要。权力同样是宇宙法则的产物，因此，只要正确运作，道德与自然之力也会和谐共存。

倘若将这一猜测得出的结论，放到日常生活中进行测试，假如你正在考虑生活中的种种重大事项：上大学、择业、择偶或罢工，那么在过去的时代，你会如何完成你的任务？

时间推到中世纪，学习难道不是一件很反常，且跟现实没什么关系的事吗？至于工作，你的职业基本取决于你的家庭：根据家庭沿袭，成为骑士、随从、工匠学徒或农奴，丝毫不必考虑你的能力或特质。妻子？这是一个"累赘"。你结婚可能有上百种外部理由——从家庭压力到爱人逼迫。如果你出身尊贵，婚姻就是别人安排好的；如果你是农民，那干脆就是被强制的，反正跟爱情没关系。公民意愿和公民情绪，那自然是没人考虑的。如果有人反抗，武器就是答案。

这一解决办法，现在仍在某些地区沿用。将婚姻视为交易，任由父母决定自己的职业，这种现象也从未绝迹。就连我们的大学里也散发着陈腐迷信的味道。但我们正在发生改变，这是人类所见过的最伟大的转变。知识在逐渐改变传统，人格特质成为衡量人们是否适合某项职业的参考。而爱，渐渐成为发生性关系或为人父母的理由。社会正义微露曙光，而暴君的统治在渐渐远去。

难道我们不该在自己的人生中，迈出这强有力的一步，脱离无知的黑暗，迈进自然世界的启蒙之光吗？难道我们不该摆脱足以毁掉我们生活的偏见，服从宇宙法则和生态原则（指的是以自然和科学探索发现为依据的生活方式）吗？我们每个人都该为自己做出这一决定。

战争问题和国际问题背后，掩盖的往往还是人性问题——人能否自身完整地活着：不受骚扰、不受奴役。还有另一个更重要的问题在此问题之内，也在此问题之上——任何阶级的人，都有在生活和工作上不受骚扰和奴役的权利。我们正处于这一重大议题的战场上。

无论作为个体、阶层还是民族，永不妥协，为自身的完整性而奋斗——这是唯一正确的世界性命题。互助与合作是构成人际关系的基础，是魔法公式的外在实现，但它一样备受挑战，处在危机前沿。因为它们对支配了交易和传统的贪婪人性展开了抗争，为了生存的权利，爱的权利。这是战斗的呐喊。

在我们的个人生活中，我们是遵循旧的方式还是新的方式？我们是继续做腐朽习俗的奴隶，还是作为一个有自尊的人，在我们的地球上活出自己的价值来？

至于让我们吃尽苦头，饱受麻烦的贪欲崇拜，我们是以互助取代它，在自己家里建立合作，在家庭、亲族和社会实践中实施合作，还是让彼此的厌恶和恐惧持续下去，让这种情绪决定我们的命运？这些问题对你对我，以及对这世界，都是一个挑战。

“

我们怎样才能避免浪掷生命，

避免让青春之骨肉，

爬满了衰败与腐朽？

案例 1 生活之重

你知道，当一个人遇到麻烦和压力，结束一天的例行公事后，当他以严肃的内省审视自己的人生，他的感受会是怎样的呢？重复性劳动足以压垮一个人的生活吧。

那是七月下旬，天气酷热，哈尔视野的一角，就是裂痕斑驳、被烟熏黑的暗红墙砖，墙壁外缘将河流一分为二。左边，阳光洒在水面上，照在远处的山丘上；右边，阴郁而晦暗。

跟我的生活一样，哈尔想，只不过，文明带给我的苍白乏味，要比这一半更多！他的视野里只剩一点儿大自然，几棵树和一小片天空，余下的尽是千篇一律，尽是钢筋水泥。

令他心力交瘁的并非责任的重担。就算工作枯燥，他也能承担。但背负整个家庭的生计，压力永无止境，又是另外一回事了。这种情况已经持续了好几年，他付出了极大的耐心，而负担日益加重。

每当女儿内莉和她妈妈吵架，都会在门口等他，准备拉拢他这个盟友对抗共同的敌人。如果杰克在学习上有困难，身为父亲，他必须辅导他。哈尔的兄弟总到他办公室，急吼吼地寻求他的帮助，仿佛他自己的事天下第一重要。而哈尔的妈妈对优先级的理解显然也有所不同，她觉得哈尔是她身上掉下来的肉，无论发生什么，都应该为她而活。

泪水流出双眼，哈尔对此感到羞愧，于是快步走向电梯。从他还是个孩子的时候起，他就觉得生活有点儿不对劲。不管他怎么努力，都无法摆脱这种紧绷状态。他尽己所能地为别人服务，但别人从不满意。他是他们的苦力，他们从来都不平等，更谈不上是朋友。

哈尔还是个孩子的时候，就梦想成为一位艺术家，将无垠的天空和参天的树木纳入自己的画布之上。他孜孜不倦，试图挥舞他的画笔，留下那些令人惊叹的美景，他的脑中充满活泼而鲜活的旋律。他把自己的画布，当成引导他人远离庸常生活的一种契机。

数年匆匆而逝，曾有一个女孩对他秋波暗送，而后他们步入婚姻殿堂。画家逸散于风，商人取而代之，他每一天都为支付房租、碗盘、洋葱、新帽子和新生儿的养育费用苦苦挣扎，背负着压力，为生计犯愁，为生活里接踵而来的麻烦焦头烂额。

他的思想曾直接而清晰，现在却纠缠在一起，晦暗不明。有时，他躺在床上，思绪忍不住纠结，绕着那些他无法解决的问题打转。他与自己的关系、他的事业、他的婚姻，一切都如乱麻一般纠缠在一起。然而，这些并不是真正令他灵魂焦灼的忧虑。一种病态的、濒死的痛苦，令他的大脑陷入麻木。**他在怒火中咆哮，生命不该以这种毫无意义的方式度过。**他不想在80岁时，发现自己依然背负着同样的重担。

具有创作天赋的人，并非这种负担唯一的受害者。尽管社会喜欢摧毁理想主义者，但倒也不是单单迫害理想主义者。这种挣扎也并非男性独有，命运对女性也同样如此，即使是那些把男性当作经济支柱的女性。女性太清楚自己面对的烦恼了，依赖一个男性作为安全港湾，可不能解决全部问题。有时，维护亲密关系带来的好处很少，而消耗的心力却甚巨。哈尔的妻子梅格的情况就是这样。

梅格必须想法子化身多面手，才能像《威尼斯商人》中的夏洛克那样，把每分钱花在刀刃上。做着堆积如山的家务，还得照顾好老公和孩子，她的麻烦就是《我们的战争中》（*We Are At War: The Diaries of Five Ordinary People in Extraordinary Times*）那五个人的翻版，只不过环境稍稍好点儿。

哈尔很少想到，其实梅格比他负担更大。他不是在养活她吗？她不是待在家里，受到保护，还能按自己的心思"打发时间"吗？

在这种情况下，只有与双方都深入沟通过的人，才有可能获得全面的视角。假如你是哈尔的密友，他想和你说说他的故事，你觉得他会谈起妻子的压力处境，还是只说他自己的？想象一下，如果梅格是你的朋友，有一次她情绪上来了，她跟你说她无止境的难处，这时你能够猜到哈尔也面对着压力与挣扎吗？每个人都觉得自己受到了误解，别人对他们要求太多，简直毫无自由，无非玩一把桥牌，参加一次舞会，看一场电影，也就这样了。责任把他们压得难以喘息，交流变得十分艰难。

哈尔认为自己已沦为工作的奴隶，他估计会这么和你说：他的妻子挥霍无度，她家亲戚全都是白眼狼，她有多纵容孩子，还操控他的一举一动！他说她从不给他空间，尽管如此，他又受不了在吵架后她彻底无视自己。他确信她不再爱他了。继续在一起也没什么意思。

而梅格会说，自己过度操劳，天天为生活不便烦忧，她住的社区她根本不想待下去。她觉得生活无能为力，对人、生命和宗教的信仰全都破灭了。

这幅画面夸张吗？一点也不，你懂的。它完全可以发生在你邻居、你朋友的生活中，也许就在你自己家里。这就是美国

人的生活 —— 至少是相当一部分美国人的生活，事情跟伤春悲秋者的想象可不一样，也不是粗心的观察者能理解的，只有真正触及事物核心的人，才能发现真相。

原因呢？恐惧！对自私的恐惧。**害怕照着自己的自然本性存在和做事，害怕按照自己的天性来生活。于是只能妥协，让自我妥协，让爱妥协，让人生妥协。**

激进的人提出了最迫切的质问 —— 面对我们内心滋生的犹疑，我们该怎么办？我们怎样才能避免浪掷生命，避免让青春之骨肉，爬满了衰败与腐朽？

如果哈尔觉得他的努力都付诸东流，梅格也意识到他们所做的牺牲都纯属浪费，哈尔的兄弟生生浪费了他的全部照顾，也没能更加适应社会，夫妻二人的牺牲也无法改变内莉，没让女儿更好点儿，也没让她更坏点儿。同样，梅格长期忍受着哈尔的妈妈因嫉妒而生的敌意，也不过是徒然令自己受苦。而两人相互依赖的基石早已灰飞烟灭。

遵循被推崇的方式生活，却遭遇失败；为了虚伪的伦理，让自己陷入绝望；在每个家庭中，这种理由都带来不快和痛苦。建立于"无私"基础上的责任负担正在毁灭整个世界。它让人：

- 接受一个他们最无法忍受的亲人就在身边。
- 住在一个让自己极不舒服的社区。
- 做一份有违本意的工作。
- 因为害怕伤害别人，跟一个自己不爱的人结婚。
- 维持一段无法忍受的关系，害怕离开显得自己很无情。

- 承担那些既没用又限制自身发展的责任。
- 超出自身能力来支持别人的奢侈生活，而为此过劳。
- 将完全可以自我照顾的人视为自己的责任和负担。
- 因为看上去过于"不切实际"，而否认自身天赋的发展。
- 因为想要和平相处，就容忍恋人指手画脚、控制自己。
- 因为别人希望就做出有违自身意愿的事。
- 为了遵循传统，否认自己的渴望。

最后，如果我们屈服于这些恐惧之下，而不遵从内心的渴望，我们只会迎来深重的悔恨。恐惧自我本身，是所有恐惧中最大、最深的，也是最常见的。失败由此而生。因它，活着变成自我嘲弄，变成绝望的来源。

生活中，没有什么事实、利益或顾虑，能比这些对幸福影响更大。为了打破命运樊笼，我们必须鼓足勇气。但是我们也需要互相理解。**新的自由可不意味着打破一切秩序。这并非鼓励人们释放贪婪、情欲和放纵。我们无意为我们所处的时代的疯狂行为正名。**

至于年轻人身上显见的粗蛮无理：那种漫不经心的自私——践踏你花园里的花，将你的车开进水沟，嘲笑你的感情，嘲笑上帝，我们也不为这些辩护。

这种当代利己主义，并非更好的道德观的产物，而是缺乏自我控制的结果。青年反抗长辈逐渐式微的价值观，但其方式是放纵、性亢奋、麻木不仁，这种狂傲与暴力反叛并非有益的自私——他们只是疯了。

"

倘若某人为坚持自我，

　与家人、朋友乃至所有因他的选择受伤

的人对抗，

　这仍是一种利他主义。

案例2　问题的根源

每个人在现实生活里，都被麻烦包围着。

无论我们拥有多少财富，身处什么地位，都难以避免会感到疲惫。家庭和工作的琐事，贪心的亲戚，调皮捣蛋的孩子，这些都会带来压力，无人可以逃脱。

这些麻烦可以避免吗？生活能容易些吗？还是说，生活和麻烦如影随形，相携而来？或者我们可以说，作为独立个体，这就是跟他人互动的必然结果？我想做这个，你想做那个，我们的目的有时会发生冲突。我们不想伤害对方，但更希望依照自己的意思行事。而我们的想法不一样，这就会带来诸多不便，这些困难好像是自然的一部分。

多年来，我拿一个与此相关的问题问过很多人：一个小男孩和他的父母一起旅行，他自己走开了，几天没和他们联系。父母急着寻找他，当他被找到时，几乎没注意到自己的离开给别人带来的伤害，这种行为是自私还是无私？

"如果他是我的孩子，我肯定会臭骂他一顿。"许多人回答说。

于是，我建议我的朋友们读一读年轻时的耶稣与圣殿智者相处的故事，他们陷入沉默。也有时，我会讲另一个故事：一个单身男人放弃工作，离开了家，没有人知道他要去哪里。当母亲和家人找到他时，他质疑他们是否有权这样做："谁是我的母亲？谁是我的兄弟？"多么令人伤心的质问啊。他的行为自私吗？

这个年轻人后来被当权者通缉——他们觉得他意图反叛，而这让他送了命。在任何时候，他都没有因为考虑到亲人而限制自己的行为。

别人总告诫我们，要追随耶稣的脚步，以他的行为当作自己的行为准则。然而，每一位宗教领袖，面对自己的信徒，都是以自己的理解实践为信仰献身的责任——我没有看到谁真正顾全全局。在这个问题上，每个人都忽略了和家人的关系。

不难理解导致这种忽视的原因，人们很难遵循内心的同时遵守所谓的道德准则。这两者很难互相兼容。

有时，为了内心战胜困难的冲动，我们应该冲破"无私"——我们这时代倡导的那种无私——带给我们的阻碍。我们应当看到，它对心理崩溃现象激增的影响；我们应当察觉，它与离婚的关系；我们应当知道，它是如何驱使人犯罪的；我们应当发现，它可能导致自杀。贪婪和嫉妒，即使在最糟糕的情况下，也不会造成这么大破坏。

只有我们了解这一谜团，并知道在所处情境中，如何进行明智的自我引导，才能成功地处理日常问题。面对大部分困难时，最关键的不是困难本身，而是我们与困难之间的关系。

此外，我们必须将我们的智慧（我们得用它进行思考），我们的身体（我们得用它进行创造）纳入考虑。倘若一个人连自己都不关注，做事必定徒劳无功。更重要的是，许多表面上无私的行为，在结果上，都会给那些我们为之牺牲的人，带来沉痛的悲伤。

善恶并非一时之事，智慧或愚蠢，应以时间长河的度量衡量——而衡量行为智慧或愚蠢，只取决于其结果。

事实上，当你真正抉择时，自私或无私，与你跟他人的关系怎么样毫不相关，它们只与生命有关。你真正明白时，就会发现自私或无私，都是善良且美好的。

你是一个充满生命力的个体，如果你对此毫不关心，那么你也无法为你身处的世界做出贡献，你就成了一个负担。**作为人，积极自我保护是第一要务**。缺乏此觉悟，我们就会成为生活的寄生虫。

每一个生命自诞生时起，就在给自己寻找养分，这种活动从不停歇。这种养分既是身体上的，也是情感和精神上的。倘若一个人不再想要寻找，甚至感到不再需要这种滋养，他也就无法获得养分。他听任自己的权利枯萎，而他本人，因否认自己与生俱来的权利，则会成为一个负担。无私——没有基本的自我关怀的无私，是极其不明智的，当我们自身受损、受限，便不可能为世界长期奉献善意。**人，只需对自己负责**。

真正的道德架构，和宗教的每一种真正的力量，都建立在这一原理上。皮埃尔·珍妮特博士曾说过，任何人，倘若不爱自己的灵魂，这样的人都称不上正常。这样的人作为一个公民，也无法令自己的生活井然有序。这一原则甚至并不局限于人类，这是宇宙的法则。一棵卷心菜的价值，取决于它如何履行作为种子隐藏的天赋；一头牛的价值，也因它自身的健康和发展才能实现。每一种生物对世界的奉献，都系于这种"自私"。

当自我否认限制了生命体自己的责任时，它就违背了生命本意，因而便是邪恶的。

人这一辈子，倘若舍弃基本权利，即使是最低程度的舍弃，也会让生命在一定程度上崩溃瓦解。尽可能成为最为光芒四射的自己，才是对他人负责。

这就是为什么珍妮特博士认为自爱（self-love）可以保护并开发个人特质。这种高尚的自私，简直就像宗教式的敬畏；而对自我的憎恨，则无异于谴责造物主赋予的本性。谴责自我与谴责上帝一模一样，并无二致。而感恩自我特质、接受生命赋予的义务，则是信仰最直接的袒露。

考虑这一原则，对理解困境至关重要。它是解决问题的关键。否则，我们就无法避免那些过时的思想带给我们的影响。**人们不知道，真正的无私并非牺牲，而是在合乎宇宙法则的前提下，恰当地使用自我。**

那些遵循宇宙法则，甘愿受其约束，并以科学手段不断探索、不断证明这些法则的人是真正无私的。而在社会上，那些索取大于回报，赚了钱就觉得这些钱理所当然属于自己，倚仗这个活着的人，才是贪婪的人。如果日复一日，依靠自然赋予的天赋做事，实现自身蕴藏的可能性，这是真正无私的。当拒绝克服自我放纵的态度，却走向生命的艰难道路时，这是错误的自私。而倘若某人为坚持自我，与家人、朋友乃至所有因他的选择受伤的人对抗，这仍是一种利他主义。

许多年前，为自己发展事业做准备，我决定出国。那时我妈妈 62 岁了，她的 8 个朋友写信提醒我，她已经年龄很大了，他们希望我在她去世前不要离开。她在 93 岁那年去世，写信的人指责我自私，因为我离开了，我妈妈确实因她的愿望被忽视而感到难过，但她在去世前几个星期告诉我，我为她做过的最好的事情，就是在那时候离开她。

　　如果我没有离开，显然，我要在 50 岁才开始事业。我会心中愤愤，这会比我不在更伤害我们的关系。我也不可能成为她的经济和精神支柱，而这些都是我的职业能力铸就的。

"

　　我的整个生活都是失败的，

　　因为我不愿意在追求我想要的东西的路

上全力以赴。

案例3　妥协的后果

穷途末路啊，约翰感到一切都走到了穷途末路。那天他跟人激烈地吵了两次：一次和他老板，一次和他妻子。两次都是灾难性结局。此刻，约翰正在车站月台上踱来踱去，准备上火车。他不是逃跑，也没想好一定要离开，只是除此也没有别的事可做。他有望在中西部找到一份新工作，大学室友的爸爸是一家公司的总裁，兴许愿意雇用他。听了妻子艾瑟儿说的话之后，他一点不后悔自己离开。在她眼里他就是个失败者。

"我想要什么，你就总是跟我作对。"她说。

他真的做不到，至少在现在的情况下做不到。要生产出两个老板——斯科德纳和斯内尔要求他做出来的配方，这真的不可能。他做了 12 年他们的化学工程师。他也帮他们做过一些违法的事：制造劣质产品，协助他们敛财。但是现在，他们想让他做的这最后一个产品，根本就是谋杀。

"你就是不愿意遵守游戏规则，"艾瑟儿眼里闪着怒火说，"结果就是，我们的日子从来就没好过。过去 7 年，你们公司 5 个在你下面的人，现在都爬得比你更高。你自己也知道，生意就是生意。你就和在家里一样，又蠢又自私。别人家的男人都去参加舞会、晚宴和牌局，你不跟我一起去，我们怎么可能进得去这里的乡村俱乐部？你把一切都毁了，你那烦死个人的特立独行！"

事情就是这样了。他曾经试着去适应，他愿意去那些聚会——去了很多次。约翰苦涩地回忆起他如何拼命讨好世界，就为了符合贝菲尔德这儿的社交要求。

约翰辛辛苦苦工作了两年之后，终于站稳脚跟，准备把妻子和孩子接到身边同住。在新公司，他被接受和认可，也颇有发展，他定期汇钱给家里。事实上，他最初与新公司接触，是想将自己的一项发明卖给他们——斯科德纳和斯内尔认为这项发明制造成本太高。而新公司采用了他的发明，他凭着专利税就获得了丰厚收入。

然而他在信中对妻子的口气改变了，并非由于财务自由，而是因为，他整个人改变了。他还告诉她，就他而言，他们的团聚必须建立在一个基础上——这个基础是他们之前从未享有的。他写道：

"无论在工作中，或在亲密关系上，我都发现，失败就是由以下两种原因之一引起的：要么妥协得不够，要么妥协得太多。每个渴望成功的人都必须自己选择想走的路。直到两年前，我的整个生活都是失败的，因为我不愿意在追求我想要的东西的路上全力以赴。我也没法为了求财冷漠无情。大部分时间，我都用凑合活着的方式，向现实妥协。我既不敢做自己，也不敢为自己的利益挺身而出。现在，我终于选择了后一种道路，我要彻底拒绝妥协。我现在找到的这家公司，是少数那种真正欣赏正直这项品格的地方。除了借用我的智慧，他们从不给我任何其他压力。在他们眼中，我首先是一名科学工作者，他们雇用我，就是为了让他们的产品更实用。

"在这儿，我也交到了一群朋友，他们以我本来的样子接受我。如果你也愿意在这个基础上带上孩子和我住在一起，那我希望你来。前提是你愿意，如果你不愿意，那就算了吧。"

艾瑟儿决定去找她的丈夫，这说明在我们的社会面具之下，可能某处仍埋藏着激情的火焰。她融入并享受了这场冒险，而这令她找回了自己久违的女性特质。

迟早，我们每个人都必须做出约翰和艾瑟儿这样的选择，我们所处的文化环境，并没有要求我们必须追寻他们的脚步。倘若接受妥协，放弃对正直的追寻，我们仍可取得某种成功，解决我们的诸多问题。至少在一段时间里，一个人可以通过傲慢与欺骗让自己"活得挺好"，通过比别人精明来打败别人，通过狡猾来获胜。如果约翰还是待在斯科德纳和斯内尔那儿，他可能会赚同样多的钱，赢得社会认可，发明欺骗公众的产品——如果他是这样的人。

克服困难的艺术无关乎道德，而与我们的性格特质及性格一致性有关。发现自己是什么样的人，决定遵循符合天性的生活方式，我们就能战胜困难。倘若我们以妥协的方式生活并行动，那总会面临沮丧。

"

我觉得这种故事并不少见，只不过我的结局还算好。

案例4　被养成失败者

许多年前，有一天，洛基山山脊就在眼前向天际延伸开去，天空翠碧如洗，飘着几缕卷云。我和一个男人坐下来聊天，就叫他彼得·科吧。

"这么说有点儿怪，"科若有所思道，"其实我差点被培养成了一个失败者。我觉得这种故事并不少见，只不过我的结局还算好。"

"被培养成失败者？咋回事？"我问。

"让我自我怀疑，甚至恐惧自我。"他回答，"从我孩提时代就开始了，爸妈更喜欢我哥哥，他长着一头自来卷，为了得到自己想要的能不顾一切。我不得不事事向他让步。全家都珀西长珀西短，我也觉得自己就应该围着他转。珀西去上大学，我就得留在家干活。当我情窦初开，我既害羞又屄。到底我还是坠入了爱河，但我妈不喜欢她——她叫海伦。我妈说服我，说我这辈子就该跟她一起过；我爸身体不好，很快就去世了。

"几年后，我妈改了主意，她觉得我应该结婚。她替我选了一个姑娘，是她老朋友的女儿。起初我拒绝了，艾格妮丝挺好的，但我不爱她。我妈哭哭啼啼地劝我：'天赐良缘啊，她得多高兴。'另外，艾格妮丝的妈妈掌握着我爸的部分生意，这生意得我来继承，娶了她，就能把更多财产留在家里。最终我屈服了，反正我总这样。如果不这么做，就显得我太自私了。"

"但她爱你吧？你妻子？"我问。

"爱我？她没得选。她整个人都被她妈控制，就跟我被我妈控制一样。而且，天哪，我多恨她啊。"

"你妻子？"

"不，我丈母娘。她每天都跟艾格妮丝说，自己从鬼门关走了一遭，才把她生下来。她自己明知道这是一派胡言。大多数孩子出生，都是男欢女爱的产物，而非什么高尚动机使然。不管怎么说，这可怜孩子对此无法还口。像我丈母娘这样的'好女人'身上，有种可怕的特质。你知道我说的这种好女人，她们沉浸于一种自我否定的态度，觉得自己啥事也做不成。

"巴斯太太成天把自我牺牲挂在嘴边，其实自私到了骨子里。这倒也是不得不如此，她离开别人活不了。她这几个孩子，年岁大的几个的生活反正是被她毁了，她的占有欲将他们消耗殆尽，一个死于肺炎，另一个几乎无以维生，只能当别人的应声虫。说到底，她也要艾格妮丝牺牲，而艾格妮丝的做法，就是把我推出去背锅。她让她妈过来帮我管家。"

"你说这命运啊……"我叹息。

"倒也不是吧。他们觉得自己就该这样，也打算照做，但这不过是生活的愚弄。你瞧，我们的人性中颇有弹性空间，也有反抗本能，命运最让人深觉残酷时也会释放善意。总之，我老婆，我欣赏而不爱；我家吧，我重视而不喜。还有俩妈，我得尊敬，其实恨死了。我继承了一份我一点儿也不擅长的家业。一切都以责任之名。天，这邪恶的字眼！责任！多数时候，责任根本就是在亵渎美好。"

我点点头："它们不能叫作责任，只能叫作无知的迷信。"

"只要我们还相信它们一天，它们就发挥一天破坏性。但命运善待了我。我的生意失败了，我管理不善，几乎濒临破产。我得了肺结核，又差点儿死掉。一个远房亲戚在科罗拉多州给我提供了一间小屋，我独居在那儿。我花了五年时间才渐渐恢复。**我老婆和我们的妈不得不出去工作，她们进入社会，接触了其他人，这可真是她们的救赎。而且，她们当中的两个人都坠入了爱河。"**

"哪两个？"我问。

"我老婆和我妈。"他轻轻笑了，"没错，先生，我老婆和我妈。一开始是艾格妮丝，那时我离开了三年，也恢复得不好，她写信说她想离婚，然后我就开始康复。第二年，我妈也来信，说她也找到了她的男人。神奇的是，这之后，我恢复得特别快。在那之后，我就没有任何理由回到过去的生活了，所以我决定和她们保持距离。

"我的故事差不多就是这样了。如果上天没有介入，让那份我根本不适合的生意失败，然后让我生病，我就会觉得，在这个从一开始就错误的处境下坚持是我的责任。在这种状态下，什么好事儿也不会有，只会带来一堆痛苦。我们全家的娇惯，毁了我哥哥，他和一群街溜子混在一块儿，开始酗酒，然后吸毒。他从来都没机会学会自我克制。再瞧瞧我和艾格尼丝的结合，给我们两个家庭带来的痛苦吧，真的，先生，如果你违背内心，就活该招惹这么多麻烦。"

"那要是回到过去，你会怎么做呢？"我问道。

"第一，每一次当我父母试图把我变成我哥的奴隶时，拒绝他们；第二，拒绝继承我爸那份让我烦死了的家业；第三，离开家，接受我需要的教育，我现在是一名商业设计师，如果我当时能进艺术学校，我现在可以走得更远；第四，无论我妈怎么烦我，我都不该娶艾格尼丝；第五，我要娶海伦，我还是个男孩的时候就爱着她。你不出来见见她吗？她现在是我老婆了。"

　　我走了出去，亲眼见证了一段幸福的婚姻和一段漫漫长路结束后的喜悦。

"

你既然有了丈夫，

而且快要有孩子了，

还想过得跟单身生活似的，

你这个奇怪又自私的女人！

案例 5　一个名为女人的空壳

　　她怀孕了，这事板上钉钉。简感到一阵恐惧，似乎有什么东西站在黑暗中恐吓她。好像有一双手扼住她的喉咙，她感到无法呼吸，一阵反胃感冲上来，然后是一阵寒意，她必须振作起来。

　　她一动不动地坐了一个小时，开始思考。丝薇，他们养的猫，爬起来伸了伸懒腰。雪花轻轻拍打着窗户。有人关小了火炉。她怀孕了——怀孕——她该怎么办？

　　她不是不想要孩子。她和汤姆结婚的整个头三年，他们都在谈论这个话题。但问题太大了，她的职业生涯面临考验。职业，这才是真正的问题。12年的准备，12年艰苦卓绝的工作，她妈妈能让她立刻放弃——说得轻巧，就像她之前是在玩儿一样。

　　如果这是汤姆的工作，她妈妈才不会这样讲，而他投注在生命中有价值的事情上的时间，甚至不足她的三分之一。汤姆——汤姆当然得继续工作，任何妨碍他成功的事都得给他让路，因为汤姆是个男人。

　　"你是一个奇怪又自私的女人，"她妈妈曾这样说，"你既然有了丈夫，而且快要有孩子了，还想过得跟单身生活似的，你这个奇怪又自私的女人！"

　　"我是这样的吗？"简也想知道。但内心有个细小的声音向她保证：不。妈妈的想法令她生厌，**她看到一幅画面，仿佛自己就像一个行走的子宫**，蹒跚地拖着沉重的脚步，她不敢想得更多了。接下来又会发生什么呢？她痛苦地努力回想自己认识的女人，看看哪一个符合妈妈模式下的无私。

有了，是福瑞斐太太。她们曾是大学同学，那时她多有意思啊！而且还聪明。现在，她身上挤不出来一丝思想灵光了。尿布！碗盘！桌巾！——就剩这些玩意儿了。梅布尔倒是好点儿，但你会觉得，在她身上还保持人类的表象，还能感到生命的活力，也是一种绝望的假象，是勇敢但无望的尝试。她能就政治局势和你侃侃而谈，也可以游刃有余地讨论科学发现，但就是有一些事发生了。她不再是过去的梅布尔了。

简不是固执己见地认为每个女人都该出去工作，不是那样的。但无论如何，也不该在她准备了那么多年之后，把职业从她这里拿走，然后给她这么个光辉经历——结婚了，有了一个孩子，然后浸淫于麻木的日常生活之中。这一点太伤害她了。会带走她的天赋带来的所有快乐，代之以残酷的道德压力。在这些反对之口的布道里，有一些还未被他们玷污的东西，那些东西如此美妙、如此自然……

就不能生孩子的同时继续自己的事业吗？很多人都做到了，舒曼·海因克，路易丝·荷马……她——简无法继续列举了，因为这时门开了，汤姆冲了进来，怒气冲冲。

"啊，宝贝，不管怎么说，见到你真好。刚才我和你爸爸聊了会儿，所以回来晚了。"他停顿了一下，不想用那些要脱口而出的绰号来形容她的家人，伤害她的感情。"老人家说，我得让你放弃你的事业，他还谈到你的责任——似乎很讨厌你在工作。你知道吗？这种态度里，有种挺可怕的东西。"

一阵狂喜攫住了简。她跳到他身边，扑进他的怀里。

"啊，汤姆，汤姆，听你这么说太好了，这不仅关于搞音乐，当然我想继续这个事业，我已经努力了这么久，这还关于，他们太残忍了，还表现得理直气壮的。我真的不是自私，我不是。"

"你当然不是，亲爱的，"他简直是嚷出来的，轻柔地拍了拍她。"我们可不是生活在他们那个年代，没他们想象的那些什么爱和责任之间的冲突，迷信的阴魂不散罢了。任何女人都有权利继续工作，保住自己的事业，哪怕她只是在小商品店卖别针。"

"如果她妥协了，这也没有任何好处，"简抬头看着他，"她不是非要出门，或者做什么特别的事，我为之斗争的，是一种态度。我有权做自己，而不是被传统埋葬。我不想只做你的妻子、孩子的妈妈、家庭主妇，任何角色——除了我自己。最重要的不是事业，我放弃也没关系，但我无法放弃成为简，而这正是他们想让我放弃的。我现在看清了，我看到了，那些被责任淹没的女人，她们身上究竟发生了什么。她们自我妥协，摧毁自己的性魅力，变成那种半死不活的生物。我绝对不会那样，绝对不。"

汤姆紧紧地抱着她："亲爱的，我和你是一边的。我也想了很多。我有个想法，你知道美国夫妻离婚最大的原因是什么吗？"

"不知道，是什么？"

"是无私，你爸妈这样的人倡导的无私。它们直接埋葬了女人。男人真正娶到的那个女孩子消失了。只留下了一些东西，那些叫——"

"母亲，"简脱口而出，"一个管家、一个空壳。就这样了。男人们会离开这个空壳——我不怪他们。"

> 你可能足以洞察实际解决方案，
>
> 但你有勇气遵循它吗？
>
> 如果没有，
>
> 那和愚蠢也差不多。

案例 6　哪一条路通往幸福

赛西斯博士一脸心满意足地走出实验室。他的生物化学研究取得了长足进展，看样子很快就能研制出控制疾病的新药。

他一面走在秋意中，一面四下张望，看着渡船驶过哈德逊河想着，活着真好啊。人类眼前的未来一片光明。他看到，人类掌握的生命奥秘越来越多，克服的困难也越来越多。对科学那近乎崇敬的兴奋使他陶然而醉。

一小时后，赛西斯到家了。一阵吵闹声扑面而来。他听到他哥哥语气很硬地警告着谁，然后是伊莉莎姨妈的抱怨声，肯定是哪个孩子——赛西斯没有想下去，他的妻子出现在大厅，两眼充满怒火，大家都在用谴责的眼神瞪着他。

赛西斯让自己振作起来。他的梦想离开了，栖息在他长期存放它们的圣所里。他从长期的经验中得知，虽然他什么也没做，但他对楼上的场面负有某种责任。

"怎么了？"他试探着问道。

"卡尔决定娶那个卡拉韦家的姑娘！"赛西斯太太尖声说道。

"啊，为啥不呢？"赛西斯温和地反问，"他爱她。"

"他还要接受南美那个岗位！"

"啊，为啥不呢？"博士重复道，"他挺适合的。"

"那他还让卡拉韦家替他付他的船票钱？"

"啊，为何不呢？他们也负担得起。"

"约翰·亨利·赛西斯，你太让我生气了。那女孩比他大，还离过婚。卡尔现在帮他叔叔干活，他得为他叔叔负责。至于说接受她家的施舍——我不懂你在想什么。就你那些科学思维，让你的孩子变得又自私，又狂妄傲慢！"

"也许是吧。"赛西斯含糊地嘟囔了一声，赶紧跑回自己的书房。

他能对妻子说些什么呢？对情况会有什么改变吗？她根本没试着在井井有条的基础上过好日子，也不想处理家庭里的问题。**无数人根本不想解决问题，只想照自己的想法来**。他们看不到，人们必须本着现代科学的精神不断探索生命法则，并且予以遵守。

换句话说，工程师所遵循的秩序原则，也该在我们的个人生命中被注意、被运用……正如爱迪生那样遵循它，伟大的作曲家、优秀的设计师、真正的艺术家，都会遵循它。唯有如此生活，生命才是一个创造性的过程。即使处理最终不会有善意回报的事件时，我们也不该变得丑恶。

我想，世上的人可以分为四类：无情的自大者，他们走贪婪之路；守道德的体面人，他们尊重教条；盲目的反叛者，他们不屈从任何规则；科学之人，他们坚守自然法则。

面对生活问题时，新旧观点之间失去了交集。我们走上了不同的道路。那些遵循"老路就是好路"的人，遵守规则和习俗。而那些通过科学发现遵循自然法则的人，服从的是另一套价值观。

如果你问一个旧道德的追随者如何解决你的麻烦，他给你的答案，一定符合他的道德偏见。如果你向一个献身于科学的人发问，他会通过他的洞察给出建议。而对于前者来说，后者给出的解决方案一定是自私的。

妥协者认为，牺牲个性没什么不对，正如野蛮人认为伤害身体没什么要紧。对于认为这种变态行为是错的人来说，正直的一条基本原则，就是不妥协。**病态地成为"自己的仿品"**，在他们看来不可原谅。

而面对这种分裂，过好日子并不仅仅是智慧的问题，还需要勇气。你可能足以洞察实际解决方案，但你有勇气遵循它吗？如果没有，那和愚蠢也差不多。

因此，除非你真正做好了决定——是要因循守旧，还是遵守宇宙法则，否则，在你面对你的问题时，你也弄不清对错。在任何克服生活困难的讨论中，我们要做的第一步，就是厘清各种应对方案可能带来的后果，以便明确我们站在何种立场。

信念中自有力量。如果你相信真理在你这边，你就有十倍的力量。如果你怀疑自己的决定，那么即使是最伟大的智者，也会变得软弱。这一点一直被生活艺术相关的书籍忽视。他们无非给你一些方便的幸福小秘方，但除非你的心思和理性一致，否则当你实践时，你会感到痛苦。你无法想象赛西斯夫人最应该做的，其实是面对自己为人父母的危机和婚姻危机，除非她能用智慧对抗自己的偏见。

这就是为什么除非你真心相信，否则多数忠告根本毫无作用。信念是必不可少的，没有它，斗争也只是从外界环境转移到了自己心中。人的灵魂，将在两种意愿之间左右拉扯，任何一方都无法放手追寻。

如果让我提供一些如何战胜日常困扰的核心建议，第一个就是："别瞎听建议，多好都别听，直到你能打从心底接受它，发自内心地认为它是对的。"

而第二个劝告也与之类似："不要仅仅因为接受了某种建议，就觉得关于人类行为的某种既定思维方式是对的，是完美的，它们极有可能和你所批判的习俗一样愚蠢。"

> 如果方法不对，
>
> 埋头苦干只会无休止地消耗自己。

案例7 "偷懒"改变生活

出租车载着埃尔伍德·温特斯快速驶离车站，他脸上挂着一丝苦笑。很快，他就会到达他工作多年的熟悉的地方，回到他度过了整个青春时代的岗位上。

他看到了新经理，法恩斯沃思，坐在舒适的办公室里，沉思着抽烟，说着他总是给自己留许多属于自己的时间。而温斯特，从早到晚都在工作上忙得团团转。

"你是怎么做到的？"温斯特问。

"能找人替我做的事情我从不亲自做，如果我能想出方法，或者找到工具替我做，我就绝不会自己上手，我们生活在一个工业时代，我们不需要划船过海，也不用徒手挖沟渠。我们有工具，可以让智能工具替我做事。"

"得是什么样的工具和方法，可以管理公司？"想到那些令他崩溃的罢工和"摸鱼"，温特斯疑惑地发问。

"一共有三种，"法恩斯沃思轻轻笑了，"一种方法，两种工具。首先，我发现鼓舞士气很有必要。所以，我组建了一个升职委员会，将该升谁的问题交到他们手上。然后我引进了学校里的自治会制度，你也上过大学，不是有学生会管所有的纪律问题吗？"

"啊，是的，当然。"

"就是这样，我把同样的方法搬到了这里，这非常管用。自治会的态度可比我严苛多了，但他们都吃这一套。最后，我有个创新部门，它着力于引导全公司发展，关注公司每个分支机构，每个员工每个月都要去那里轮值一天，这一天，他有机会了解与公司业务相关的所有问题，而这与他自己的工作也息息相关。面对这些问题，只要他能够提出建议，就可以获得奖金，如果他能提出方案、销售点子、广告创意，还另有报酬。

"他们很喜欢这项研究的创新精神，对竞争机会的渴望愈发浓烈。我们的销售额提高了，还得到无数的好点子。但最好的，就是让他们亲身理解了我们的制造和销售工作是怎样的。我现在几乎不需要指挥，让他们自己管理自己。事实上，我还打算较之以往减少出现在公司的次数呢！说到底，**新观念和努力一样重要**。话说，你还记得我在学校的时候吗？"

温特斯点点头。他觉得提起这件事可能不太好，因为现在的法恩斯沃思，当时可是让学生会——就是他现在积极赞赏的学生会——头疼不已的人物。

"我知道你为什么不说话，"法恩斯沃思咧嘴笑了。"我那时候可真是个刺儿头，"不知道你还能不能想起来我们的英语老师，萨德伯里，有一次，他在学生法庭上为我辩护，而他让我没被开除的方法，一直印在我的脑海中。

"其实，学生会指控我的所有事我都做过，这在真正的法庭上根本没机会获胜。我记得那一日是那种我们会跑去南边玩的迷人春日天气，我看着校园里的其他军校学员，想着要是我回家了，我爸会怎么对我。然而对我的案子，萨德伯里却看起来非常淡定，充满信心地说会让我继续待在学校。'总有方法赢的，孩子，'他笑着说，'我也挺希望你留在这儿，我还有很多东西想教给你。'

"我真的留下来了，他在法庭上使用的方法其实非常简单，他没做丝毫辩护，我唯一的证人就是我自己，整个法庭都震惊了。他让我站上了被告席，承认了对我的所有指控。我的案子里没有涉及其他人，而我全都招了，然后萨德伯里站起来说：'诸位先生，我们看到了一个真诚、正直和善良的典范。'他用最温和的语气说道：'被告用他的真诚证明了，他是一个纯洁诚实的美国男孩，他因天性而搞恶作剧，但这些恶作剧不过是我们早就知道在每个学校都会有的那种。学院曾公开宣告，能将任何有个性的男孩子培养成真正的男子汉，如果法庭决定开除他，我们无疑应该撤回对公众的宣告，并且向他的父母道歉。'

"在那之后，他们当然没法开除我。萨德伯里不过是按字面意思理解了学校给自己鼓吹的价值，然后一字不差地用它来为我辩护。我打赌，他们甚至没把那份法庭报告寄给我爸，你知道的，我爸是个律师，他看一眼就能理解萨德伯里的逻辑。

"从那以后，我在学校学了很多东西，但其中最重要的是这样一个事实：总有方法或工具能为你工作，解决你的困难。"

在回车站的路上，温特斯想到了自己在疗养院的几个月，想到期间的花费，又算了一下他本可以赚得的工资，而这一切都是因为他太过努力了。一些人会觉得任劳任怨的苦干并不会得到回报，按他的经历来说，事实也的确如此。但这并不是事情的真相。他已经明白了，是他工作的方法导致他的失败。如果方法不对，埋头苦干只会无休止地消耗自己，而且得不到别人的认可。现在好了，他吸取了教训。他在新岗位上会用完全不同的方式处理工作——多亏了法恩斯沃思。

横穿大陆的旅程曾经极其危险，几乎没人能做到，但人类已经通过科学克服了这一难题。织出一匹棉布在过去是一项十分困难的工作，现在由于发明了自动机械，已经变成一件简单的事情。

成功处理问题，就在于拥有一种工业化态度，学会处理自我保全与社会需求之间的平衡，从而不断克服生活的困境。

我们努力，是为了找到更好的方法解决问题。把巨石从土里抬起，即使巨人也容易拉伤后背，而用撬棍把它撬起来就很容易。在大地上打一个深洞取水或石油，曾经要花费数年，而我们现在用钻头可以轻而易举做到。

每一种征服自然的行为都是使用方法和工具达成的。在客观的国度，我们把这当成理所当然的事实。而在处理个人问题和主观焦虑时，我们却忽略了同样的原则。我们不仅忽略了这一关键因素，还在怀疑它是否有效。正如我们的前辈曾反对每一次机械进步，嘲笑那些认为"残酷的生活困境"可以被征服的人一样，我们也拒绝相信，对形势的掌控很大程度上取决于我们的态度。

不管你面对的是爱情的两难，还是金钱的焦虑，还是吃穿住行的问题，都无关紧要。重要的是我们如何面对它们。带着满满的个人不确定感，被困于经验的困境当中的，是我们；试图理解并找到机会来克服困难的，也是我们。与其向天祈求还贷款的钱，不如祈求获得洞察力，来激发我们的财富创造能力。

能赚钱的永远是头脑清醒的人。倘若我们的创造力被束缚，心智不得不妥协，那么权力、富足、地位甚至幸福都不会长久。

寻求金钱却缺少方法的人，抑或缺乏独立性与松弛感的人，都需要调整自己的人生，从而让自己的智慧运转起来，赢得富足的生活。如果我们因为思维上的偏颇而与机会失之交臂，那么即使疯狂追逐目标，命运之神也不会给我们带来好运。

克服一切阻碍我们的东西，是生活的一部分。当我们自己发生改变，命运也会改变；当一个人整理好了自己，他与生活的关系也会发生至关重要的改变。他的生活会焕然一新。而如果不这么做，命运就会不断摧毁他的努力，他会很容易觉得自己是受害者。

这就是为什么"绝不自我妥协"这一信念，对智慧生活如此重要的原因。当你自我勉强，你的力量也会受限，而你用来克服困难的工具也不过是照本宣科。

如何面对困难

当你遇到困难时，你的注意力放在哪里，决定了你的问题解决得怎么样，以及你是否会成为环境的受害者。

你是怎么做的？当过度劳累时，你是手忙脚乱，还是试着为自己减轻负担？当遇到麻烦时，你是停下来，试着找找新的方式，还是忍受这些阻碍？当被工作压迫时，你是试着制订计划解决它、摆脱它，进入更好的环境，还是用愤怒填满自己的心？知道将注意力放在哪里，远比一一细数自己的困难重要得多。

害怕危险毫无意义，除非找到防范危险的方法。

害怕传染病就必须战胜病菌。除非学会处理和他人的关系，否则你无法避免因他人的疏忽给你带来的损失。当人们不愿让你独处，那是因为你还没有学会如何引导他们。不公正的事会一直折磨着你，直到你想出办法来征服它。

痛苦是为了唤醒你、教导你，迫使你在生活问题上运用你的智慧。你将注意力放在哪里，能否冷静、坚持而谨慎地引导注意力的方向，这决定了你的幸福。能做到这些，成功将与你同行。

"

人们之所以会失败，

就是因为不知道如何捍卫事实。

案例 8　赢得家人的尊重

　　生活中最奇怪的事，就是人们根本不追求效率。听我们说话，人们还会觉得，我们对怎么成功感兴趣。理论上如此，不过我们也只是喜欢空谈罢了。

　　多年来，帕梅拉发现，无论在什么事上，她姐姐伯尼丝总能轻易成为全家关注的焦点。家里要花钱买衣服，肯定考虑的是伯尼丝；要给孩子上声乐课，获得机会的也是伯尼丝；安排去欧洲旅行，获得机会的人还是伯尼丝。

　　伯尼丝在聚光灯下，一直是，永远都是。不只爸爸臣服于大女儿的魅力之下，她们的妈妈也常常几小时几小时地陪她逛街，几周几周地替她缝衣服，修修这儿，改改那儿。

　　帕梅拉在心里对这种偏心感到很奇怪。最奇怪的是，所有人都将此视为理所当然。最终，帕梅拉读了一本流行小说，从中获得了启发。在小说中，故事女主角处在和她一模一样的境地。作者不仅细致描述了身为老二的帕梅拉为何处于此等悲惨地位，而且生动地解释了姐姐所采用的方法——她时而发怒，时而奉承。故事里面最受关注的坏心眼姐姐，得到父母好意就用甜言蜜语回报，无论他们做什么都对他们迎合奉承。她用购物和派对来引起妈妈的兴趣，用送礼物来给一家之主提供权力感，从来不会让他忘记，他是多么伟大又完美。

　　当外交手段不起作用时，她就用发脾气来代替奉承。"多像处理国际事务啊，"作者评论道，"永远有秘密手段，偶尔来个友好协定，如果手段失败，就以战争相威胁。"总有一些事需要调整，总有一些事需要决定，灵活运用发脾气和奉承显然极为有效。

从那以后，帕梅拉就开窍了。她仔细观察姐姐的手段。但一个像她这样的姑娘，怎么能做到这些呢？她没法操控自己的爸爸，因为她爱他。她也没办法刻意奉承自己的妈妈，那太伤人了，好像她们彼此之间没有什么真情感一样。尽管这些聪明又狡猾的手段能获得成功，但她却做不到，因为她知道，伯尼丝远没付出自己所付出的真情实感。

帕梅拉仔仔细细地考量自己面对的问题。在这些问题里面，绝对有一个原则等着她去发现。等她弄明白后，她就会失笑于自己的盲目——就跟这些问题有多复杂似的。她总得给父母回报。为什么呢？这其实是理所当然的。即使深爱你的人，如果得不到回报也是不会满足的。说穿了，我们骨子里都很自私。所以她必须倾心投入一件能获得父母信赖，并展现自己奉献精神的事里，而这件事，要像伯尼丝的小性子一样，能引起他们的注意、改变他们的态度。

而当她发现自己渴望接触父亲的生意，想替他分担时，这两种需求就结合在一起了。"我会成为他的左右手，"她对自己说，"就因为他在养家糊口，所以全家人才对他小心翼翼的。"

事后，当她复盘的时候简直忍不住笑出来，因为她取得胜利竟如此轻松。现在家里人都围着她转。当她证明了自己作为一个女性采购者，对公司特别有价值时，现在有旅行就都安排给她了。妈妈替她做这个，爸爸替她做那个，让她一定别累着自己。而且，因为生意需要，她还必须穿得比谁都好。

然后帕梅拉发现，用感激之情回报她获得的快乐和父母的温暖关怀，这实在是太容易了。关于如何获胜，她至少发现了一种秘诀。

帕梅拉结婚后，她又发现了新的问题。随着时间的流逝，她的丈夫变得吹毛求疵，对她教育孩子的方式挑三拣四，看她做什么似乎都不满意。她可不喜欢这样，最后她下定决心，要像她当初在家庭困境中赢得胜利一样，找出走出这种两难困境的方法。"我就真这么无能吗？"她很想知道。

为了找出真相，帕梅拉把从商多年教会她的方式，用在自己的婚姻难题上。她在日记里记录每天的生活，当丈夫责备她时，她就记下当时的情况和他说的话。然后，她开始看似无意地，以一种温和的方式，在他认为她无法承担的每一桩任务上抽身。

"你来处理这件事吧，"她跟他说，"我肯定做不来这个。"

当康拉德做得并不好，还经常比她做得还差的时候，她就会在之前记录困难的那页旁边记下来。很快，康拉德爆发了，他对她说，他实在忍不了这些琐事了，这些委实不是他擅长的。

"我觉得你是对的，康，你不擅长这些事，你何不把这些事交给我呢？"

"是你让我做的。"他争辩道。

"是吗，亲爱的？你愿意读一读这本日记吗？是我之前和最近的记录，你很快就能读完。"

确实，康拉德只用很短时间就明白是怎么回事了，他不得不面对他自己发过的牢骚。

"我不得不让你看这些，康，"帕梅拉温柔地解释，"人们之所以会失败，就是因为不知道如何捍卫事实。"康拉德没有回答，他只是环住了她，紧紧地抱住她。

　　每个人的生活都会遇到转折点，那常常是一些微小的行为，却标志着我们是迈向成功还是滑向失败。我们不断地做出这些微小的行为，欢乐或痛苦亦随之而来。帕梅拉坚信绝不自我妥协，她敢于在任何看似压倒性的困境下采取行动。**许多女性在婚姻中由着自己变得支离破碎**，而她让自己从这种困境中解脱出来。

你可以用权力统治，

但爱最终会获胜。

案例 9　家里的"暴君"

　　霍勒斯又看了一遍信。这封信彬彬有礼但坚定地要求他提交辞呈。对于霍勒斯来说这事不新鲜。他总让自己陷入麻烦，这种情况也不仅发生在他的教育事业。他是个才华横溢的教师，这事很少有人否认，事实上，无论他和行政主管发生过多少次冲突，还是有大把学校等着聘用他。

　　"即使跟朋友，你也好不到哪儿去，你知道的，霍勒斯。"他的妻子海伦对他说，"你和阿斯波里一家吵翻了，又惹恼了威瑟比一家。自从你说了那样的话，妈妈也不会再来看我们了。至于我，我早厌倦你的批评责怪了。你犯的每一个错，你都能找到借口，再把责任推到我身上。"

　　海伦说得对吗？霍勒斯想着。他觉得正义在他这边——无人关注的正义。他心情烦闷地回顾学生时代以来的生活。一连串的争吵，但他是为正义而战！多数时候他都是对的。在听说自己离开后，他争取的东西最终被付诸实践时，他感到很满意。在跟朋友、岳母的关系上，他也是对的。他无非一目了然地看到了事实，又把该说的话说出来了而已。

　　就是这样吗？霍勒斯想着。当别人像他一样直言不讳地冲他来的时候，他自己觉得舒服吗？他们的傲慢不也冒犯了他吗？他们不也不太关心他们自己主张的观点，将大部分时间都用在自我表现上了吗？有些人到死都是这么蛮不讲理，他爸爸就是这样，多年来，他对每个人都态度粗暴，想说什么就说什么，总是按自己的想法来。

　　霍勒斯痛苦地回想着这位老先生的臭脾气。他可真是个老古板！让海伦嫁给这么个人就好了！如果她嫁了，她至少该知道好歹，老霍勒斯可是半点儿不让别人质疑自己的立场。

这个年轻人灵光一现。他爸爸始终站在支配者的位置，他用尽全力，让自己待在以自我为中心的位置，他的话、他的意志，就是圣旨。他觉得就该这样。他如此经营他的生意，用恐惧让别人服从他。就算在家庭里，他也一模一样，没有一个孩子敢忤逆他。

在这个家里，可从没出现过所谓的夫妻争执。霍勒斯夫人完全遵从丈夫的意愿。这就是维持婚姻的秘诀，霍勒斯想着。只要让自己成为一个坐稳了江山的暴君，你就可以想说什么就说什么，想做什么就做什么。他这一辈子都不算是个人格完善的人。

但除此之外就没别的了吗？在这位教育者的脑海里，一些想法正在成型。他记起来，裴斯泰洛齐①曾经说过：告诉别人怎么做，不会让人学到任何东西，人们应该帮助别人发现真理，而非宣讲真理。这件事上，他也做错了。倘若为了达到自己的目标，他能放下自己的骄傲，倘若在冲突中他能放下自大，就不会发生那么多不快了。

他回想起那些他努力表达想法，却因此输掉了的争执，是的，导致事态崩坏的并不是他的诚实，而是他总试图用精神压力把自己的想法推行下去，这可没法实现。可是，难道他必须当一个马屁精，一个圆滑的追随者，不那么关心结果？还是学会为了实现美好的结果而放下自己的个性？他必须这么做，因

---

① 19 世纪瑞士著名教育学家，提出了"教育心理学化"理论。——译者注

为他不是一个彻底的偏执狂——霍勒斯想着想着，不禁笑了出来。

我们每个人都是这样。如果你不想成为家里和工作中的暴君，如果你没不讲理到统治别人，但又不想成为无助的棋子，你必须要学会不自满的艺术，为寻求理性抉择与合作互助的热情而放弃你的骄傲。互助是幸福的关键，你可以用权力统治，但爱最终会获胜。无论多么小的争执，无论在家、在办公室、在社交聚会上有多常见，这都是不变的道理。

解决亲密关系里这一死结的办法并不难，实际上还很简单易懂、易于应用：就是你愿意应用。这是一个极为重要的前提。臣服于规则之下，这就是答案。**一个关注自我荣耀胜过自我发展的人，是不关心人生成功与否的。**

正如关于自我的基本法则通常决定了一个人是否成功，魔法公式也揭开了人类关系之谜。永远不要让情绪化的事件带走你的注意力，也不要神经兮兮地钻牛角尖，保持客观来看待问题。不要把自己代入其中，要对事不对人。在每一次新的冒险中都竭尽所能，把它们当作一次有趣的体验。

假设你正处于这样一个进退两难的境地，你也收到了老板的一封信，信中语气强硬，让你火冒三丈。你想告诉他，是他让你陷入此等境地，想告诉他你对他的看法。结果会怎样呢？你会失去你的工作。

你想失业吗？可能不太想。如果你的目的是保住工作，你必须弄清局面。你要在不恶化和老板之间的关系的同时，做到这一点。如果你希望能做到这一点，胜过希望表达情绪，你就可以平心静气地与他沟通。

或者，假设你是个女人，你的丈夫离弃了你，离婚已不可避免。即使你很久以前就意识到，嫁给他是一个很大的错误，你也想让他为他的行为付出代价。那么，你想要通过和他谈话达到什么目的呢？你想要在这种悲伤的情境中激发痛苦，让双方都觉得这多年的关系令人恶心吗？如果这样，你大可以放纵脾气。

但如果你需要考虑孩子和双方的家庭，如果你想保有与这个曾一起生活过的人的尊重和友谊，你就会避免"骂街"这种可怕的错误，并举止得体。

"绝不自我满足"这一原则在生活中的方方面面都适用，特别是当你准备冷酷无情地处理一些事时。例如，儿子的行为让你心烦意乱，你希望给他带来什么改变？你可以通过惩罚让他与你为敌，通过唠叨来失去他的尊重，通过羞辱他让他暗地里恨你，通过强迫他、激他做出更坏的事；或者，通过爱、理解和温柔以待，来赢得他更好的表现。

我的意思并不是让你为了把儿子"变好"，而让自己妥协，放弃对正直的要求。我只是要你为达成目标调整自己的行为。

理解"建设性的自私"，其中一个好处就是，它能让我们远离所谓的自我牺牲，这种自我牺牲其实非常损害人际关系。还有什么东西比把无私作为责任，比强制性的善良更烦人？哲学家也找不到吧。曾经有善良的盎格鲁 - 撒克逊人认为，"恶臭"这个词就不该出现在文明社会中。在我们被去势的文化中，失去生气的人们觉得这个词粗俗。然而，用这个词来描述自我感觉良好的、自诩为无私的行为伪装出的圣洁氛围，那可是刚刚好。在生活的艺术中，有一种智慧，那就是永远不要强迫任何人为你做任何事，直到他真心想做，你也知道他是带着真正的快乐做的。

大多数人对合作的态度都是错误的。他们认为，与他人一起工作时必须迎合他人的性格。有些迎合确实是必要的，但倘若一味迎合他人，必然迎来失败和满心愤懑。无人喜欢屈从于他人的骄傲之下，这也不算是真正的合作。你确实应该遵循形势所需，但同伴也必须坚持这样做。

如果遇到海难，我们合作划船，就必须要适应风暴变化、符合航海技艺的要求。当务之急高于一切。而如果，合作事宜是一起跳支舞，我们要适应的就是音乐节奏和舞蹈节律。如果共舞双方都有这个目标，那么我们自己或对方都不必妥协。

"

将掌控着你自己人生的不正常需求转移到他人身上，假设自己觉得好的东西，也对他们有好处，这绝不是善良。

案例 10 "我是为你好"

贾德森闭上了眼睛，好像要从他的记忆中抹去一些痛苦的画面。他是一个干瘪的小个子男人，此时，他的手紧张地拉着桌布，声音透着疲惫和绝望。

"我一直最爱弗兰克，"他终于开口，"我为他付出了一切。当我还小的时候，我没什么机会，所以这些机会我都为他提供了。"

"你为他做了什么？"我问，其实我很确定我会听到什么。

贾德森似乎没听到我的问题。"我在一个满是工厂的小镇长大，从我6岁起，就不得不出来兼职工作，我倒也上过学，但当我12岁的时候，我妈就让我全心放在工作上了，其实也没那么糟，我喜欢工作。但我也想学习，我那时候常常看书到深夜，我就是这么过来的——白天工作，晚上学习。"

"那你什么时候玩？"我的声音放得很低，以免他暴怒。

"玩？"我试图消除他的怒火的尝试徒劳无功，"玩！"他重复道，"我从来不玩！"

"那……你想创造一些机会，让弗兰克好好玩吗？"我问道，好像这个想法是显而易见的。"不！"他喊道，"不，我给了他我没有的一切！他3岁的时候，我给他请了个保姆，那可是个好女人。她是个北方人，还有个出类拔萃的父亲。她教他识字。"

"她皮肤黄黄的？"我突然问。

"黄黄的？"

"是的。又瘦又黄，一脸皱纹，薄嘴唇，淡灰色的眼睛，铁灰色的头发，尖尖的鼻子，细长的手，我说得准吗？"

"你认识她？"他怀疑地问道。

"是啊，"我沉声说，"还算了解吧，她擅长语法和算术。"

"那可是相当棒。"他热情地表示同意。

"而且，她非常注重纪律。"

"这么说吧，我感觉她能管一支军队。"他愈发热情。

"那你为何放弃她？"

"我没有。她成了我们的管家。我们过着舒适而简朴的生活。弗兰克从 4 岁起，弗林特小姐就读书给他听。那些书都是我精挑细选过的。他还有最好的衣服，漂亮的白领子，好看的小帽子，都是她买的。她说她自己从没有过这么好的花边衣服，所以看见他这么打扮也非常开心。夏天，她带着他长途散步，有时还去城里参观博物馆。当他 12 岁的时候，我把他送到了一所军事学院。"

"他在夏天做什么呢？"

"我把他带到我的工厂，让他在里面学会守纪律，对于男孩来说，没什么比工作对他更有益了。但我不想让他像我一样那么拼命，所以我让手底下最好的工头带他。麦金托什能把任何人教好，真的。"

"我明白了。你自始至终都遵守着黄金法则①，把你得到的都给了弗兰克。"

"我当然得这么做。"

"我确信，"我加重语气表示同意，"而现在你告诉我，他

---

① 黄金法则：你希望别人怎样待你，你就要怎样待别人。——译者注

学坏了。"

我的朋友脸色顿时变了，眼睛眯了起来。

"他酗酒，和一个放荡的女人私奔，跟格林威治村的混混们混在一起。倒霉的是，我的搭档汤普森很喜欢这小子，总是给他钱，他就花钱如流水，跳舞、看戏，通宵达旦。"

"是的，他会，当然，"我若有所思地回应，"但他不是那种坏人。"

"不坏？你怎么知道！"

"你以前写信给我，让我去见他。"

"你真的去了？"

我点点头。"他跟你这个爸爸很不一样。你怎么能指望他会喜欢你喜欢的东西？"

"我遵从了黄金——"

"哦，对，对，"我打断了他。"要是按照几百万人对它的那种理解，这就是最疯狂、最可悲、最可怕的规则。制造出这种人间地狱，纯粹就是为了用来证明创造者的自负。"

说这话的时候，我递给了他一本书，是一本里面满是形形色色的爱情悲剧的古典文学著作。

"这是干什么用的？"他疑惑地翻着书页。

"完美收录了各种艺术家的故事，很有趣，我觉得你会喜欢。还有这本，关于现代戏剧的，是一本精选集，你知道的，艺术协会所挑选出的最优秀的作品。"

"我没时间看这些胡言乱语。"他咆哮着。

"不想看吗？我觉得挺好的，我认为你应该读一读。"

"你究竟想说什么？"

"我在试着告诉你，你的孩子之所以学坏，正是因为你的黄金法则。你把自己经历的事强加在他身上。你看，我觉得这些书好，就想强行把它们借给你，而你还挺讨厌这种方式的。你儿子也很讨厌你为他做的一切。什么黄金法则，就是破铜烂铁，就是狗链 —— 狗链都比它强。"

"你胆敢这么说？！"

"我当然这样讲。这种法则迫害了无数人，把孩子们变得跟小狗似的。搞出这种事，自然还不如狗链，狗链好歹还有点用。而你们手里的黄金法则，就是铁栅栏组成的监狱，是支配别人，把自己的意志强加于他们身上的简便手段。还有什么比这更邪恶吗？"

"你想用什么代替？"他问道，震惊得不敢抗议。"那我该如何对我儿子？"

"首先吧，你得学会用他人所期待的方式来对待他们，或者，如果你是他们，这时你希望如何被对待，再以此对待他们。这并不够，但这是个开始。"

"弗兰克想把他的时间浪费在小提琴上。"

"现在这是他的职业，"我点头道，"靠在舞蹈乐队里拉小提琴谋生。"

"哦 ——"，震惊之下，贾德森的音调都变了，就像演员世家芭莉摩家族，在节目上的那种音调，但我决定忽略这种暗示。

"你的儿子，贾德森先生，他是一位音乐家、艺术家、创作者。他继承了母亲家族这方面的遗产。他充满想象力，是个非常特别的人。他本能地知道人们怎么做事，还知道他们为什么这么做。他很擅长模仿他人，无论声音、表情还是举止。实际上，你为他所做的一切都徒劳无功，因为这建立在你的天性上，而非他的天性。你的天性，让你能在没有太多情感的日常生活中辛勤工作。但弗兰克既敏感，又情感丰富，他的本性使他陶醉于情感和激情当中。

"孩提时代，他需要自我表达的机会：有大量的音乐、色彩、好的戏剧可以看，有冒险故事可以读，还可以和其他孩子们玩。他的成长中却缺乏这些东西。我给他介绍了一个剧院的人，一个制片人，他参加了一次试镜，得到了一个小角色。他肯定会成功，他能通过拍电影赚很多钱，比你赚的多得多。"

贾德森先生神情呆滞地坐在地上，样子就像一条海蛇刚刚从海里探出头来。因为我为这个男孩辩护，还暗暗谴责这个爸爸一直以"古老的黄金法则"努力地控制他。趁着此时的沉默，我继续说：

"我见过弗兰克好几回，他早戒酒了，也不和野女人往来了。他想成功，现在他也明白该怎么做。对于违背你的意愿，他没有任何负罪感。他没必要通过放纵来显示自己的独立了。你是他学坏的原因，但是对于曾故意伤害你，他现在深感抱歉。"

"他觉得抱歉？"

"是的，他已经看到你失去了什么，这些年来你被剥夺了什么。他想帮你找回一些东西，一些他曾错失的东西：爱和温柔。你懂的，一起坐在炉火前互相陪伴的珍贵时刻，互相理解、爱彼此的个性差异。在关系里，你从来没享受过这些美丽的事物。在某一天，他想把这些带给你。"

"我没时间。"贾德森先生声音沙哑。

"对，你没时间，你工作太忙了，忙到回到家的时候像一具行尸走肉。我觉得，不停地工作，给家人赚钱，但除了钱再也提供不了别的，世上没什么比这种'无私'更为自私了。"

归根结底，如果贾德森相信正直的原则——绝不自我妥协，他就不会试图把自己的意志强加给儿子，如果他以同样的热情相信魔法公式，绝不自我满足，他就不会由着自己的性子伪装无私，这对父子也就不会受传统道德的约束，以残缺的人格状态活着了。

我在多年临床心理学的实践中，遇到过成千上万的人。以我的经验，道德罪行中最为可怕的，就是掌握在"严肃的好人"手里的黄金法则。

将掌控着你自己人生的不正常需求转移到他人身上，假设自己觉得好的东西，也对他们有好处，这绝不是善良。我有一个亲戚，在我小时候就试图这样对我。她崇尚各种流行之物，无论奇怪的食物，还是荒唐的信仰。和她在一起的时候，"我是为你好"把我控制得就像一个在西藏的寺庙屋顶吃坚果的疯狂的印度人。我也是黄金法则的牺牲品。

如果以人们自己的想法，或者如果你在他们的处境会以什么作为标准，以此来对待他人，甚至这也称不上善良。我认识一个想死但又不敢自杀的人，他希望朋友能杀了他。但后来，这个人走出了悲伤，很高兴自己还活着。当时的想法无非是一时上头。

更深入地来说，新的黄金法则应该这样定义："依照生命、自然、宇宙法则希望的方式来对待他人。"尽你所能真正理解这条定律，并以一切科学方式，尽可能获得更深的理解。如果你做不到这一点，至少改变一下老方法，把别人的天性也考虑进去。以现代知识的观点，死板地执行老话提倡的"无私"，其实是很自私的。

如果你按自己希望如何被对待的方式来对待你的妻子，你就不会灵活地考虑到她的性别差异，你会不停地干涉她的个人喜好。如果你是个女人，按女性价值观的基础来对待你的丈夫，你也不会理解他的男性需求和偏好。

当我还是个孩子的时候，家里的女人总是留着长卷发，穿着浆白的连衣裙，系着粉红色丝带，脚穿鲜艳的带扣皮鞋，戴着上面绑着天鹅绒丝带的精致草帽。当我爬上栅栏，跳上邮筒，爬上屋顶，追逐猫咪，踩进沼泽地，顶着一头打结的卷发尖叫着穿过灌木丛时，她们就会惩罚我。她们喜欢白裙子、蕾丝边和漂亮皮鞋，然后就用她们的黄金法则来对待我。

时至今日，我也承认，我很难得到更明智的对待了，就算有人曾是强壮、自主、桀骜不驯的男孩，也不可能按我想要的方式，或者按他们自己想要的那种方式对待我。我曾经很喜欢打扮得像个萨摩亚人，举手投足就像个斐济人的孩子，从来不肯安静地坐下来，举止得体地喝口粥。

然而，让一个小男孩穿着维多利亚时代女性的衣服，带着那种装饰和羞怯性格，难道不比让他赤身裸体、自然、强壮地活着更糟糕吗？在这两者当中，他的方式是 —— 也就是我的方式 —— 明明更为明智。对待一个小男孩最好的方式，就是根据他的基本需求，按照自然的法则，健康而理智地对待他。如果当时她们想过一个 15 岁的男人希望怎样被对待，那她们至少会让我在服装和行为上都能更男性化一些。

> 认为我们生而有罪的任何话，
>
> 都是谎言。

案例 11　坚定又灵活地做自己

"我都不懂我自己，怎么知道什么叫明智的自私呢？"人们会这样问，"我都不了解我自己是什么样的人。"

确实有可能，但我不确定他们的说法是否站得住脚，对于此类人，我只需要对他说出一个他明显不具有的缺点，他就会说："哦，不是，我才不是那样的。"人们其实了解自己，只是他不知道自己了解自己。试着用经济学的方法，来看待自己的人格特质。找到几个你确定符合自身本性的属性，把自己归结到这几个属性里，着重关注这几个方面，坦诚面对这些特质，在任何情况下都不要妥协。诚实面对自我，你很快就会更了解你自己。

根据现代科学，我们是自身染色体的产物，那些先祖生殖细胞的细微分裂，携带着祖先血脉传承的精神潜能。据此来说，你先天便带有特定的潜能，而这种特定潜能将在很大程度上决定你的行为方式。你或许有强壮健康的腺体，这有助于你保持活力；你也可能有虚弱而紊乱的腺体，这让你很难保持健康和适应力，你的神经可能稳定，也可能失衡。

但这些既非荣誉也非不足。你的器官可能健全也可能残缺，大脑或许聪明或许平庸，智商或高或低，你的能力或许惊人或许贫瘠，发展潜力或大或小，这都不是你的责任。在情绪上这一点或许更为明显。科学上所说的原发性趋势（换句话说，原发的动力，你细胞内隐藏的动力，你自带的饥饿驱动）可能紊乱也可能有序，可能汹涌强大，也可能温和懒散。你可能被本能压抑，也可能被冲动驱动，愤怒、恐惧、性欲、怀疑等情绪……所有的感觉和知觉都随之而来，或者带给你强烈的渴望，又或者只是轻微的反应。

同样，这也是大自然的杰作，是由我们生命中，所谓生命的流动或生命力创造而出的。我们无法责备命运赋予的一切。认为我们生而有罪的任何话，都是谎言。

不仅如此，只有克服因为做自己而产生的内疚，才有可能成功掌握命运，理智解决自己的困难。你必须将注意力从内耗上移开，转移到解决问题上面。导致失败轻易降临的原因，是自我怀疑、自我责备、自我意识过剩，其次的影响因素，才是别人或外界环境在强迫你成为永远不可能成为的另一种人。

你无法拥有别人的神经，别人的腺体或别人的大脑，无法使自己拥有他人的力量。你无法掠夺别人的能力，也不能令自己生成别人的能力。同样，你也无法具有他人的局限性，他人的复杂特质，你不会受同样的性欲驱使，也不会被同样的愤怒吞噬。

解决麻烦的方法，在于停止扭曲自身的个性，然后释放自己的潜能。解决问题的关键，就是拒绝外在强加的要求，发掘并表达内在的天性。你无法令牧牛犬打猎，也不能让猎狼犬放牛。这都是科学所说的对生命的"积极响应"。发现固有潜力，无论对于开发狗的作用还是开发人的能力都至关重要。你该做什么，不是遵循别人告诉你的该如何做决定，而是根据自己的有机体决定。

只要能整理好自己，长此以往保持这种状态，就不需要再做什么别的了。除了做自己，不要承担那种假惺惺的自我强迫，也不存在别的责任。工作的状况、婚姻的要求、生活的需要、社会的习俗似乎都在强迫你做一些别的，但这只是谬论罢了。这些不是你的责任，除非你自己认为它们是。你不需要像一只因为幼鸟饿了而去捕鱼的蜂鸟那样，被责任逼迫。

当你放弃迫使自己成为无法成为的人，放弃做自己做不到的事情，你会活得很好，比以往任何时候都好。放松的状态对于理性是必不可少的，也是精神能获得指引的根本。一个神经质且高度紧张的完美主义者，很容易因为自己并非完美而充满内疚，不知道自己适合什么，在该大声说话的时候嘟嘟囔囔，在本该完成的事情上半途而废。

总之，你的体魄决定了你是哪种类型的人——动作是快是慢，是否规律，虚弱还是强壮。它决定了最物质，也决定了最精神的层面，这种生活状态又塑造了你的思想。你是否举止优雅可以追溯到你的染色体，而你对同伴做出了什么贡献，实际上是个生物学问题。

人们经常问我："怎么能治好自负？"答案很简单——知识。知道你所有的荣耀，都归功于生命和先祖遗传；知道自身就是遗传的镜映，像一面镜子反射生命力本身的光芒；知道骄傲是无知和愚蠢的证据。

很多人都觉得，绝不自我妥协和绝不自我满足这两大原则之间存在冲突。他们不理解一个人如何在保持个性的同时与他人合作。他们觉得，拥有个性意味着傲慢。这主要是因为，他们见过太多由孩子气的自我中心伪装成的个性。

事实上，数百万人争论不休、争斗不止，是因为他们相信，他们的行为意味着力量。他们害怕好的心态和善意的表现会让人觉得他们天性温顺。没有什么比这更加谬误的了。好斗令人树敌，自我膨胀和命令式的口吻只会招致反抗——他们仍会将你标为弱者，认为你是一个不敢以温和大方的姿态示人的人。

然而，好脾气并非一种性格特质，而是通过练习可获得的技能。来看看长期善意可以带来怎样的效果。当然，这绝不是指职业说客展示的那种温文尔雅，抑或假模假式的伪宗教信徒挂着的那种微笑。天堂不欢迎虚伪的真诚，但也不必因为这种傻气的反例就放弃这项技能。

大多数人不会相信，别人是否感到舒适自在，与你做了什么、什么想法没有关系。我们在用无数种间接的方式传达我们真正的感受：眼神接触、声调变化、手的触摸。这种主要驱动影响着我们不会说什么、不会做什么，甚至我们的一举一动。

如果你心里一点儿也不想让别人感觉舒服，你就无法让别人感到舒服。如果你内心善妒，充满仇恨，再好的礼仪课本也无法把你变成一个友善的人。对人充满兴趣和爱，才能让人感觉到舒适自在。

成功做自己的秘诀，就是在关于自我的基本法则和关于人际关系的魔法公式之间，聪明地保持平衡。决心忠于自己，绝不妥协，同时不要将自己的方式强加到他人身上。自满与自然意志和互助精神背道而驰，不要让这样的自满出现在自己身上。

不要独享荣誉，除非你不想要朋友了，也不想保有自己的位置了。要与和你并肩作战的人共享荣誉。独享的荣耀会成为一笔债务，你或许站在了金字塔顶尖，但这全靠其他的石头支撑着你。

但并非你所做的一切都能得到回报。事实上，倘若你思维敏捷，但不爱他人，你一点儿赞赏也得不到。相比之下，人们宁可你平平凡凡，至少这样能显得他们不那么笨。

这种方法在生活里可行，另一个原因在于：人们既不希望你太与众不同，同时又不希望你与他们一致，至少不要效仿他们。倘若你重复了他们的成功，就会让他们的成就显得不那么辉煌。但泯然于众人，又会显得你是个无趣的同伴。因此，突出两三个亮点来做你自己，会让你更受欢迎。

如果一个人什么都想做，在哪儿都想插一手，让你无事可做，说出来的话让你无话可说，你肯定也不会喜欢这样的人。

人只有专注才能成功。总有那么几件事，能让我们一展才华，获得他人瞩目。将自己的光芒留给这些自己擅长的领域。而在你周围其他人更为擅长的领域里，你最好保持低调。知道自己的局限且不会不懂装懂的人，人们才能给予他认真的倾听。

总之，这很大程度上有赖于**如何让自己变得有趣**。简单来说：

- 微笑，而不是傻笑；
- 能开玩笑，但不招人烦；
- 可以开怀大笑，也能紧闭双唇；
- 把故事讲好，但只讲一次；
- 会说，也要会倾听；
- 会努力工作，也会放松；
- 能践行诺言；
- 收获的同时，也懂得付出；
- 始终给自己留有余地，你会广受欢迎。

> 我们曾为之拼搏的一切，
>
> 一切事物和地位，
>
> 在死亡面前都是梦幻泡影。

案例 12　明天和死亡哪个先来

你曾直面过死亡吗？与之四目相对，看着它走来，越来越近。当你害怕死亡将至，你是否感到生命和一切你为之努力的事物都变成了泡影？我们曾为之拼搏的一切，一切事物和地位，在死亡面前都是梦幻泡影。

桑普森医生一小时前才离开。埃里克坐在那儿，盯着炉火。夜已深深，他还没上床睡觉。想到这里，他不禁发抖。他躺下了，盯着天花板，睁着眼睛，疲惫不堪，试图解决看上去没有答案的问题。这样冥思苦想有什么用呢？还不如享受炉火的舒适与温暖，至少能带来慰藉。

你应该懂他的感受，听着光阴流逝，在黑夜里辗转。同样，鉴于埃里克遇到的生活危机，你大约也能共情他犯下的错误。

医生检查了他的心脏，说道："你必须注意减压。如果你没有足够的休息时间，你可能会猝死。多休息吧，偶尔出去玩玩。"

哦，那玩吧。埃里克想着，物价涨得飞快，税收又增加了，家里还有一堆事，远亲都来质问他："让亲戚靠低保金过活，不怕别人说闲话吗？"玩会儿？休息？埃里克站了起来，拨了拨火。

他为什么总在忙呢？他沉思着。从年少时起，他就总是这样。他郁闷地想着那些他必须做的事，还有其他很多事情。他真的很能干。

你试过成为家里所有人的安慰吗？如果你会装玻璃、修屋顶、除草、洗盘子、包扎伤口、调整化油器、妥当照看婴儿，那么无论你是个男孩还是男人，你都会忙得不可开交，一天至少应付两万件琐事。甚至朋友和邻居在财务上的无能和缺位，你也要扛。

让你家变成周遭所有需要帮助的人的救助中心并不算难，我试过，我知道。看到别人陷入麻烦就说："让我来吧。"他会毫不犹豫地接受你的帮助。埃里克就一直这么做，直到他的无私磨尽了他生命的活力。

他该怎么办？继续下去，直到死期如约而至？这符合他的一贯作风。他的孩子们怎么办？是现在就退学，还是等他死了再说？

美国医疗记录显示，成千上万的商人都面对着这个问题，又对它束手无策——但你得给我个答案。他们真的如此爱别人？还是他们害怕别人或者自家亲戚说闲话？我们自己身边，这样的情况多得是。心脏衰竭的统计数据可以说明一切。这背后肯定有原因。是对"履行职责"的骄傲在拖累？还是害怕看到让自己陷入危机的做法，从一开始就错了？

多数情况下，承担重担的那个人一旦崩溃，问题就会像山一样塌下来。当我们面对问题时，更重要的是我们对它的态度，而不是问题本身的性质。有一些人情愿一错再错。他们继续这样下去，直到生命燃烧殆尽，让活着的人留在巨大的悲痛里，这可比干脆大吵一架的悲痛大多了。而另一些人会认为，履行做决定的自由，才是无私更好的体现。

这两者之间，就是征服困难与被困难征服的人之间最本质的区别，这个区别就是——事情并无其他解决之道，除了干脆利落地自私以待。

　　我们现在会提出这样的观点，是因为统计数据显示，除却这看似不起眼的理由，还有一个重要诱因导致这一差异：有些人无法战胜困难，往往是因为缺乏战胜困难的勇气。而能战胜困难的人，会相信自己的判断，无顾虑地采取行动，即使被称为恶人也在所不惜。

　　自私之所以是生命一大议题，是因为在解决诸多我们不得不面对的问题时，它都是必不可少的因素。倘若当你拒绝履行让你不舒服的职责，放弃了令人厌倦的任务，或者离开了一个你不爱的人时，无人责怪你，你一定会毫不犹豫地这样做。但只因为你无法面对社会的责难和被驯化出来的良心上的谴责，你才无法发挥自由意志和本能的判断力。

　　征服外在困难极为重要，因此，我们需要审视我们所处的困境，看看哪些是对于我们来说"正确"且"值得"的事。倘若我们终于学会将绝不自我妥协和绝不自我满足两个概念融会贯通，那么，无论面对的困境如何，我们都会安然度过，那些累到心力衰竭，抑或委曲求全活着的情况，也会很快涅灭。

"

一件事可不会光凭别人上下嘴唇一碰，

就变成了你的责任。

案例 13　学会拒绝

来，瞅瞅人际关系里面，这小小的互动。

角色：

罗斯·洛曼 —— 牧师

爱丽丝·洛曼 —— 他的妻子

艾比·洛曼 —— 他的妹妹

弗洛伦斯·洛曼 —— 他的女儿

第一幕发生在卧室里，罗斯读着信，他透过眼镜，窥视着自己的太太。

罗斯：迪克想让我再给他寄两百美元。他说如果那样，他的商店就能周转开了。

爱丽丝：他第一次借钱的时候就是这么跟你说的。

罗斯：我知道，但这次听起来也挺靠谱的。

爱丽丝：五年前他开始做养鸡生意的时候，听起来也挺靠谱的。他说他很快就发财了，还要跟你分享。

罗斯：但是爱丽丝……

爱丽丝：你别再跟我说"但是"，我早听烦了"但是"。我在自己家里，想做点什么事，艾比都会跟我说"但是"，我想要什么东西，想把我们日子过得舒服点，你都会跟我说"但是"。我拼命干活，努力存钱，这样你就可以把钱寄给你们家每一个穷亲戚。但我不想再这么干了！我户头里的每一分钱都要花给我自己！

罗斯：但是爱丽丝……

爱丽丝：我告诉过你，别跟我"但是"！

罗斯：但爱丽丝，我想解释，我……

　　门"砰"的一声关上，罗斯陷入思索。有什么合理的理由，让他纵容迪克不断从他身上搞钱吗？自然，他们是表亲，但是难道血亲就能一直予取予求吗？艾比，艾比倒是不一样。她是妹妹，还是女人。但这有什么不同呢？艾比是个受过训练的速记员，有工作能力。但她说这是个"卑微的职位"，伤了她的自尊心。真有那么糟吗？当然，她不咋花钱，也不惹人讨厌 ——至少罗斯觉得她不惹麻烦。他……

　　门开了，他女儿弗洛伦斯哭着跑进来。

　　弗洛伦斯：爸爸，艾比姑姑不让我练习，她说她头疼，受不了。她这周每天都说自己不舒服。可我天天不练习，根本不可能进步啊。

　　罗斯：但，弗洛伦斯……

　　弗洛伦斯：得了吧，我知道你要说什么。我是应该更有耐心。我都等了三年了，自从她来了，我再也没有一点自由了。

　　罗斯：但弗洛伦斯，你应该……

　　弗洛伦斯：对，但我才不会那么做。你一直和我说要多替她想想，但现在我早受够了。

　　罗斯：但你应该爱……

　　弗洛伦斯：不，我不该！特别是你捏着我的喉咙逼我接受她，我恨她。

直到此时，罗斯才意识到他的妻子就站在门口，而他的妹妹，就缩在不远处的过道里。弗洛伦斯说的话，她们肯定全都听到了。

罗斯：是你让你女儿这么跟她姑姑说话吗，爱丽丝？

爱丽丝：对，我允许的。事实上，我为她感到骄傲。我倒希望我有她的勇气。而我现在有了。艾比得走——这周以内——否则我和弗洛伦斯就走。而且，如果我们走了，再也不会回来。

罗斯：但是爱丽丝——我的教民，我的教民会怎么想啊？

过道里的人影走近了。

艾比：所以你对我就是这样想的，罗斯？把我留下来，只是为了挽救你的声誉？好吧，我这就走。我现在就走。

第二幕在卧室展开。罗斯正在读信。他透过镜片望着自己的妻子。

罗斯：艾比来信了。

爱丽丝：哦，是吗？

她漠不关心地扬了扬声调。

罗斯：她向你致意。

爱丽丝：是吗？

罗斯：和表达她的感谢。

爱丽丝（尖锐地）：为了什么？

罗斯：为了让她离开，自己养活自己。她要结婚了。

爱丽丝：真的吗？

罗斯：是的，她说如果她留在这里，这事肯定不会发生。她现在理解你对无私的看法了。她现在觉得我让她住在这儿这么久，反而是种自私行为。

爱丽丝：你就是。这不是对艾比的爱，你只不过担心你的教区。

罗斯：你真这样想吗？

爱丽丝：难道不是吗？坦诚点儿，亲爱的，你不是这么想的吗？艾比走了不是对她更好吗？

罗斯（慢慢地）：是的，我想是的。

甚至可以说，情况一直如此。不难发现，世界上最可怕的自私，就是养着那些软弱的亲戚，让他们在你家里进进出出，过寄生虫般的生活，来满足自己当个大善人的隐秘需求。成千上万的小孩，都得为入侵的叔叔阿姨、兄弟姐妹、堂亲表亲乃至家庭朋友做出牺牲。有时，家庭成员都还嗷嗷待哺，"外来的"却被喂饱了——而这一切还顶着美德之名！而且，年轻人的未来都被毁了，剥削他们的人却也没有得到任何好处。艾比可能会毁了弗洛伦斯的未来，但这对艾比也不是什么好事。

在家庭当中存在不好的、没有建设性的东西，伤害到的是每一个家庭成员。损害自我来支撑那些自称无法照顾自己的人，最终付出的人也会受伤。活着是为了成长，不是为了放任自我、尽情偷懒。

我们需要重塑自己对血缘关系的看法，好好纠正一下。眼下的状况，就是一个病态又致命的传统，只会带来痛苦、困难，甚至死亡。

如果基督教建立在耶稣的教义上，那么我们当然可以质疑罗斯是否有权让亲戚成为自己家里的掠夺者——而比你我更有这个权利。许多人无法选择更健康的教义，因为他们事实上不了解自己的信仰，无非盲目跟随传统罢了。他们急于告诉你"应该"如何处理家庭问题，无非给自己的不健全找个理由。

这种自私就是最糟糕的自私。这也是看似善良的行为往往沦入邪恶的原因之一。他们看起来满口责任，却要么心怀恨意，要么沉浸于虚伪的自恋。

除了你自己，没人知道你真正应该做什么。而当你不再惧怕指责时，真理自会浮现。**一件事可不会光凭别人上下嘴唇一碰，就变成了你的责任**。只有我们自己思路清晰，才能拒绝别人的要求：我们要弄清楚这个要求与我们自己的生命有什么关系——如果只为取悦他人，那就拒绝，不管是什么事。以同样的坚定，拒绝任何需要忍受的状况，除非你将之视为生命带给你的责任。

我执业这么多年，收到过许多类似的信件：

"我亲戚总赖在我家，吵死人了，我因为他们饱受折磨，他们浪费着我的钱、精力和时间。我妈总说，照顾亲人是我的责任。可他们一无是处，就会偷懒。我需要养着他们吗？"

答案是：不，请你从背上卸下"全世界"这个重担。你不需要背负整个世界，只有你自己这样觉得。等你开始给钱，保障他们的生活，承担他们制造的一切压力，等着你的绝对是崩溃。世上到处都是像乞丐一样生活的人。人类需要自力更生，如果你赞同这一点，就坚持让他人也保有自立的权利。事实上，当你替一个健全人承担责任，你就是在害他变得软弱。

我们很难说出谁让我们烦不胜烦，好像这是一种背叛。但有吗？我们嘴上说着爱他们，却放任他们夺走我们的人生，总有一天，我们会恨他们的。还不如一开始就诚实。因为讨厌一个人而内疚，就像因为爱别人而自觉高尚一样可笑。是上帝制造了爱恨，不是你。它们是从你内心深处升起的情感，你没力量改变它们。

不管怎么样，你无法爱一个利用亲缘关系占尽便宜的贪婪亲戚，发生在家庭中的欺骗行为，可没比在商场里少。当心那些把"家庭"放在公平之上的人耍的把戏，他们的感情是虚伪的。

在家庭中，最弱者的专横远超出最强者的自大。 下水道看着无害，但对人来说，可比悬崖更危险。别觉着他们不能自立，就让这些缩头缩脑的暴君毁了你的人生。他们需要的是遭

遇人生困境 —— 一大堆困境。

责任是一种心理状态，是你怎么想某件事，就像人们曾经认为肉体有罪一样。伴随理解加深，你的责任也会随之变化。它们就是因为我们的理解而存在的。艺术家惠斯勒曾说过，懂得留白才会产生伟大的绘画作品。成功的生活，在于觉察哪些事是不该做的。意识到何时说"不"，且能愉快、不尴尬地说出来，你就赢了一半了。

当你已经认定自己觉得正确的事，且不打算改变时，冷静而坚定地说出来 —— 让人感到你不会改变的决心。

走出这样的困境，可以采取以下捷径：

> 如果你不愿意去做一件事 —— 真的不愿意 —— 学会用简短的两个词来表达，坚持下来。
>
> 如果必须写一封让你为难的信，试着用简短的十个字来表达。
>
> 受到外界压力，试着重复第一封信的内容，再回应一遍 —— 无论需要再回应多少遍。
>
> 倘若其他方法都不奏效，闭着眼静静坐着，也是一种绝妙的回应。
>
> 坚定的眼神 —— 凝视对方的嘴唇 —— 这就是最棒的陈述。
>
> "我不打算在言语上反驳你。"

永远不要承担你无法理解的责任，当你拒绝，就坚定地拒

绝。这给大家都省事，冲突在一开始发生比在最后发生要好。即使在做出承诺后，也该保有自己的主意。如果你答应了什么蠢事，不要觉得这是板上钉钉，就得一字不易地执行下去。你有权改变主意。

承诺并非誓言，更非虔诚的信徒在祭坛前所许的信诺。它是出于你自身的愿望，对上帝、对生命和对自己的承诺。无论人们怎么说，它都不是为其他任何人而做的。只有承诺本身是良善的，它才能保持自有的生命力。例如说，倘若我是食人族，答应杀死一个同类，把他带来和你一起分享，按理说我会遵守承诺——但我发现了杀人是邪恶的，那我只能收回诺言，这不是背信，是生命移除了这一承诺。每一个诺言都应如此看待。

在帮助他人的问题上，有个很好的原则。除非你能在给予帮助时不期求任何回报——甚至不期求感谢，否则就别帮。许多事就是个给予和收获的问题，但帮忙不是，它是你给予，然后别人收获。要不然就让他们得到你贡献的时间和精力，要不然就承认自己不够慷慨，经不起考验。没有什么比期待好心有好报更容易让人失望的了。当你期待别人的感激时，这份期待总会流露出来，把好意扭曲成一种交易。

换句话说，在考虑拒绝请求的问题时，我们不仅仅是想想自己的情况，别人的情况，还得想想，发挥互助精神应基于真正的合作意识。当一项要求超越合理范围，它就侵犯了个体绝不自我妥协的基本权利，一个人也不应该通过做好事来达到自我满足。只有你的帮助，能让你和受助的人的生命都有效提升时，助人才是明智之举。

"

必须做些什么来打破自己的困境。

案例14 适当"发疯"，生活更顺心

　　我在渡轮上认识他——从维多利亚开往西雅图的华丽游轮。他在休假，想舒缓身心压力。你看，他都结婚 20 年了。我们都同意，这是一段很长的时间。如果你的妻子身患抑郁症，总是让家里鸡犬不宁——一会儿开窗一会儿关窗，做各种黑暗料理，总跑去医院，做一个卧床不起的女人能想出来的任何事——那这 20 年可就更长了。

　　船沿着壮丽的奥林匹克国家公园脚下徐行，老贝克山弘美的山头时不时在东边浮现，途中，我的同伴给我讲述他的故事，他妻子似乎有点儿殉道者情结，她十分敏感，发现一丁点儿蛛丝马迹，觉得丈夫不关心她，立刻就会掉下泪来。而且，如果她觉得别人没有以她父亲的方式，没有按父亲希望的那种方式生活，她就会感到特别不安。当丈夫暗示，他可能不会给共和党投票时，她歇斯底里："我爸，如果我爸还活着，他得多难过啊！"至于不去教堂，不去她爸爸常去的教堂，那简直不可想象。巴纳比太太也不去教堂，但那是因为她身体不好去不了，斯蒂芬只能替她去。

　　症状一个接一个，就跟多米诺骨牌一样——一个想要称王称霸的小孩的心智固定在父母崇拜的记忆中，占据了这个女人孱弱紧张的身体。父亲过世时，巴纳比太太就开始卧病在床，此后再也没下来过。

　　不得不说，斯蒂芬遇到的麻烦着实不小。

　　"我都不知道怎么才能帮到她。"这个身心俱疲的男人如是说。

　　"需要帮助的可不是她。"我立即回答。

"为什么 ——那是谁？"

"是你。"

"我？我可没病。"

"不，你有。"

"有什么？"

"畏惧 ——害怕胆敢走出这座骇人监狱的后果，害怕拒绝做个被妻子压迫的懦弱奴隶的后果。你害怕使手段治愈她。"

巴纳比先生看着我，好像见到了什么江湖术士，但他还想听下去。

"怎么能治好她？"

"你的家庭医生经验足吗？"我插进来另一个话题。

"我不知道，不过，他倒是说过一些和你思路相近的话。"

"而你却拒绝相信。"

"倒也可以这么说。"

"好吧，这就是你想要的答案：首先，既然你来自纽约，我会介绍你去一个戏剧学校学表演。"我边说边递给他一张写着地址的字条。"让他们教你如何发脾气，比麦克白夫人更歇斯底里。然后我们选择一个方便的时间，让你开始装病，你就躺在床上，满脑子巴纳比太太做梦都想不到的怪念头。你说过你妈妈还在世吧？我希望你写信给她，让她来你家住，爱住多久就住多久 ——直到你妻子肯下床为止。我建议你让你的家庭医生知道，让他给你佐证。在他的帮助和你妈妈的合作下，你的家肯定会一团糟，糟到你妻子宁可去马戏团，在旋转木马上睡觉，也不想回家的地步。"

我们谈了好一阵子，让我有机会为这个计划增添艺术色彩。巴纳比先生听着，但什么也没说。船行至普吉特湾，一个朋友加入了我们，讨论就戛然而止了。

五年后，我才再次遇到我的老熟人。他看起来健康极了。他的妻子和他在一块儿：一个讨人喜欢的女士，看上去愿意和他去天涯海角。他们计划去加拿大露营。在她身上，我看不出丝毫的病人的迹象。

过了一会儿，巴纳比太太和一群女士待在一块儿，她的丈夫就有了与我单独谈话的机会。他伸出手：

"我们见面时就握过手了，但这次，我是对你表达感谢，谢谢你五年前给我的建议。如你所见，它奏效了。"

"所以，你真的行动了？"

"是的，不折不扣地实施了。我的医生对这个建议兴致勃勃，她说我妻子不是真病，只是向我发泄和自我放任。不管怎样，他同意了。我就去了戏剧学校，确实学会了如何表演，特别是表演歇斯底里的痉挛。我练习了一整个冬天。第二年夏天，趁着假期，我就开始卧床了，反正我也累了。我妈来了，我的医生也见过她，我猜她很喜欢这个计划。医生建议，除非我们卖掉房子，换一个小点的地方，否则我们就不得不放弃生意。于是，我和妻子被送到亚利桑那州的一个农场休养，然后我们卖掉了这栋房子。

"弗里达在那里待了三天，一切都太简陋了，然后她收拾行李，独自去了东部。我们在东部没有房子可住，她的钱也不够，所以她选择了一个便宜的旅馆。那儿的床并不舒服，她几乎彻夜未眠。与此同时，我去度假了，你懂的，去西部骑一骑马，面色红润地回来了。突然间，我内心获得升华，和她谈了几次，你知道，挺温和，有礼貌那种。她明白了我的意思。想要我支撑她的生活，她就得 —— 无论现在还是永远 —— 停止卧床不起，只要情况合理，我去哪里她就得去哪里，还得健健康康的，否则，我们就再换个农场，这次是永远住下去。"

当然，很明显，巴纳比先生必须做些什么打破自己的困境，也是为了善意与真理而接受和解，否则，纯粹为了自我满足而这么做不过是邪恶之举。打破他妻子身上的枷锁，让彼此从神经质的牢笼里解放出来，才能摆脱畸形的生活，过真正幸福的日子。

"

生活就是对弈，

无论你的道德观是否同意你这么想。

案例 15　生活中的博弈

以下内容摘自一封信：

我的困难不算极端，但却十分恼人，有时我甚至觉得，那些一天一天刺激我们的小事，可比巨大灾难令人难受多了。

我的情况是这样的，无论我叫我先生做什么，他都不做。而他拒绝我的理由，就是我让他做，所以他偏不做。不久前，我想去市中心住，待个几年，这样我们就能有更多机会，听听好的音乐、好的讲座，看看好的戏剧。但如果开口和埃德里奇说，这个就绝对会变成他最不想做的事。我们本来没啥不能去的理由，在郊区的房子是租的，孩子们全都结婚了。我看不出有什么理由阻止我们。但我也知道，如果这计划是他自己想出来的，他才不会介意搬过去。

我回了这封信，又收到了下面这封回信：

我不知道你的计划是不是行得通。问题是，这么做看起来太自私了，我一直坦白、诚实，从来不玩阴谋。我没办法说服自己做表里不一的事。

几个月后，这位善良的女士终于屈服于我提出的诱人的建议，她执行了计划，成功搬进了城里。我到底让她做了什么，令她一开始如此震惊呢？我只是让她利用丈夫的怪癖赢得自己想要的东西。看起来，他很明显有种"精神疾病"，可以称之为"就喜欢对着干"，他做事反着来，就喜欢和他人的意愿背道而驰。而埃德里奇太太看上去，也没法一个人孤立无援地治好他这种精神上的扭曲。

因此，这变成了在三种行动方案中做出选择的问题：

1. 继续成为这种病态自我的受害者。

2. 离婚，离开他。

3. 学会怎么对付他。

对一对年过半百的夫妇来说，第三种方法看上去明智一些。因此，我建议埃德里奇夫人假装不经意，但越来越热忱地谈住在郊区的种种美妙之处。我没建议她撒谎，她说的都是住在郊区确实具备的一些优点，事实摆在那里。重点在于，不断反复提起，直到激起埃德里奇先生的病态自我那种对着干的欲望。事情很快就成功了。他开始讨厌郊区，他才不管她愿不愿意，就是要带她去城里！

这种婉转的外交手段里有什么不对吗？我听过许多老古板谴责这种做法。如果一个女人嫁给了一个真正的伴侣，一个充满爱心、善解人意、心灵也不扭曲的男人，她还这么干，我也会谴责。但如果大家都是这样，我们也不会有这种麻烦要处理了。

多数情况下，利己主义者都比利他主义者多，喜欢对着干的人比不喜欢这样的人多。基于此，这种策略其实对每个人都很实用，除非，你身边的每个人都又快乐又好相处，适应能力还强，否则期望他们始终同意你的提议，可是非常傻的。明智的做法是，对于你想提出的建议，首先谈谈相反的价值观，谈谈与之矛盾的事实。如果你想采取某种方案，就先讨论它的风险，批评这个想法，让听众自己提出我们需要这样一个计划，然后你再来顺着他。多数伴侣都充满自信，他们喜欢争辩，喜欢提出意见，给他们机会满足这种怪僻，你的计划就能行得通。

工匠能制作一个美丽的花瓶，我们就对他的工作表示尊重。那么，我们为什么不尊重能用技巧战胜困难的人呢？还有什么艺术作品，能比制造美好的生活更美呢？或者说，有征服困难的手艺，这有什么不对吗？

说到底，这个问题是，我们是否要因为伴侣的一些畸形心理，就令自己过一种"凑合"的生活。倘若一个人坚信，人不该舍弃最根本的自我，那他就得想办法有效地解决问题。这不是追求自我满足，也绝不是为了把自己的意愿强加给他人，它是正确的，因为它的目的是为所有人带来更大的自由。

就因为恶人擅长阴谋诡计，我们就得坚持使用无效的方法来解决问题吗？生活里，小伎俩必不可少，这是生活的智慧。想办成事，策略就非常重要，只有动机邪恶的时候，策略才会沦为邪恶。

曾经有个机会，我非常想得到，我就向各行各业、各种朋友提起我的兴趣，你知道，那种顺口提起，不是有意的。不到半年，就有人打电话给我，给我提供了我渴望的职位。碰巧，我有三个朋友都认识他，毫无察觉中，他们让我的计划得以实施。

生活就是对弈，无论你的道德观是否同意你这么想。命运就坐在桌子对面，观察你的一举一动，她也是一个完美榜样，供你模仿。如果过于感情用事，走一步看一步，你的计划肯定会被"将"掉。你要根据命运的变化采取行动，见招拆招，但也要有个潜在的"方案"，也就是自己的生活计划。

艺术家作画，心中有一个色彩方案。作曲家用和弦，他们有音调的方案。剧作家用情节——命运的方案来写作。没有建设性的方案，你根本无法克服现代社会的无数困难。要么采取策略，要么等着失败。

例如，没什么比以其人之道还治其人之身更有效了。"我该怎么对付我抑郁的妹妹？"一个男人写信来问。"比她更抑郁，"我回答，"对你的烦恼喋喋不休，和她待在一块儿，就尽情绝望下去，你信吗？最多一个月，她就会改变她的方式。"男人总是害怕女人的眼泪。胡说八道！有什么可怕的？女人哭，你也哭，她马上就会停下来。试试看，你会大吃一惊的。

我们给出的现代建议跟老一套相比，最大的区别就在于如何看待"冷漠"。**过去他们说，要承接他人的重担，给他们病态的、甜蜜的同情，让他们从困难中振作出来。而现在我要教你不要参与，保持客观中立态度。**在老一辈人看起来，这毫无同情心。然而他们看不出来，让一个人保持清醒理智的头脑会更有帮助。

我们拼图的时候，也得动手一步步拼。所以遇到困难，就先放一边，把它们写在纸上，让它们像最新的填字游戏一样客观。除非问题被摆上桌面，否则不必受它们搅扰。

最重要的策略，是守口如瓶，对将做之事绝不透露超过十分之一。话多导致的失败比其他所有蠢事都多。

> **"**
>
> 他都习惯了在他玩耍的时候，
>
> 看你像个奴隶一样做牛做马。

案例 16　被惯坏的孩子

　　自私的艺术，在于照顾自己的需要，这样别人就无须照顾你的需要。真正的无私，不会让你昨日的圣人之举，在明日成为他人的负担。真正的无私，不会让你出于自我满足而放任他人特权的行为，被误认为是一种美德。科学之路就是探索之路，它循着自然的脚步，而自然终将为我们指路。看看那些老一套思想，在法威尔太太和她儿子的身上，都干了些什么吧。

　　威廉这孩子是完蛋了，这事毫无疑问。自从少年法庭的人来过后，这个事实，他妈妈再也无法忽略了。此外，这也让她发现，她是怎么把这个孩子惯坏的。

　　法威尔太太沉浸在这个打击的苦涩中。丈夫过世时，威廉还很小，刚开始穿短裤，她立刻清楚了自己的使命。"汤姆活着时威廉能拥有的东西，我一样也不会让他缺乏。"她对自己说。然后她就埋头苦干以兑现自己的诺言。

　　"那当然了，"法院人员听完了这个故事之后说，"他都习惯了在他玩耍的时候，看你像个奴隶一样做牛做马。你怎么指望他能学会适应社会，能服你管教？"

　　"难道我不该这么做吗？"法威尔太太问道，"我不想太自私。"

　　"是的，你不该这么做，生命之伟大，远高于我们自身的意志，法威尔太太。当悲惨经历笼罩一个家庭，父母不该扮演上帝的角色，像个堡垒一样，去对抗这种经历。我们应该学会一起分享，一起学会迎接生活的挑战。你这是想在你孩子的生命里扮演神的角色。事实上，他应该学会和你一起面对失去——这才能让他长大成人。"

是的，法威尔夫人现在也发现了，这个人说的是对的。她回味着自己的苦果。威廉从来没体会过父亲离世的丧失，他从没失去过什么。

这种小故事可以放在各种时空背景下，几乎无处不在，其原则适用于夫妻之间，甚至适用于年轻人赡养长辈的问题上。**假无私之名，扮演上帝的角色，只会导致灾难性的后果。**

接触上千被试后，关于这一原则，我获得了统计数据。有些数据可以追溯到多年前。有些人，现在已经有了自己的孩子。而这里面几乎没有一个例子，是像法威尔这样自我牺牲，还没有带来伤害的。

威廉造成的问题，不仅让法律部门为之受累，让他妈妈吃尽苦头，也是给慈善机构找麻烦——她常年劳作，本来健康的身体变得虚弱。自从男孩到了青春期，日夜焦虑更让她的神经受损。他违法犯罪，伤透了她的心，同样损害了她的健康——现在，因为她的"无私"，她自己也变成了别人的负担。除此之外，我们也该考虑到，如果法威尔太太没有沉迷于为儿子享福而劳累，她本可以为社会做出贡献。

当然，她不是个天才，但她本来是个好邻居、好朋友，而当她将全部身心放在威廉身上，这些美德就消失殆尽了。法院人员告诉她，她真正需要的是为自己的生命负责，而不是为她儿子的生命负责，只有首先恪尽生命责任，学会让儿子分担后果，才是真正地对他尽到责任。

你可有研究过拜占庭艺术家笔下线条僵硬、构图呆板的圣母像？同样的扭曲，发生在对加利利山主人（耶稣）的理念的东方化改造上，这种扭曲仍然束缚着我们的道德，束缚爱的力量自由流动，用可怕的功利主义限制住了它。

在外界责任的压力下，我们的习俗无视人的健康情况，无视能力本身，我们将自我贬低视为一种美德。说到底，法威尔太太从她丈夫死的那一刻起，就基于虚假的善良，已决定自我妥协。她对威廉的爱也只是一种自我满足。过着受委屈的生活，为他做牺牲，这使她自觉高尚。就像所有违背自我基本法则和滥用魔法公式的人一样，她的失败从牺牲之始就已注定。

让我再说一次：衡量善恶，往往需要
时间的跨度才能得到答案。

案例 17　愚蠢的贪婪

你肯定在影视剧里看过约书亚这样的人。他是个住在美国中西部小城的银行家，最擅长用抵押贷款欺骗孤儿寡母。他的脸瘦削，嘴巴毒，眼睛尖刻。他很孤独，没人爱他，人们都恨他。他的贪婪毁了他的幸福。

约书亚很憋火。他家里一个个麻烦接踵而来。先是他妻子生病了，撑了几年就去世了。约书亚希望把女儿留在身边，让自己晚年有个奔头，但她私奔了。管家又很难找，虽然家财万贯，他却不得安宁。

想做的事情进展缓慢，想解决的问题悬而未决，他也为此感到愤怒。他抱怨着事情拖来拖去，没完没了，却不知道这全都是他自己造成的。他给生活制定模板，以为生活就能按他的设想走。生活让他吃了苦，他却还是不肯低头。他需要发号施令，他的座右铭一向是：我命由我不由天。但无须说，生命没按照他的想法来，该怎么发展就怎么发展。

僵化的思维可是很难解决问题的，自打堵上了通往更好的生活方式的那条路。倘若告诉约书亚一个方案，能解决他的困难，他也会觉得"这根本不可能"。你觉得他急于找到真相，但却发现，他只想找到符合自己的偏见的结论。除此之外都当没听见。

当一个人坚持以自己扭曲的个性衡量问题时，事实就会被歪曲——除非他愿意斩断束缚着本性的贪婪之锁，否则，他永远无法脱离自我中心的禁锢。

一切问题的解决方法，都存乎于我们内心。我们只能向内探寻，才能找到它们。正如今日，就是我们人生的历史里一个独特的时刻。那些为自身困境而发怒的人，只会沦为困难的牺牲品。

我们在处理邪恶——特别是贪婪时，做法近乎纯粹的无能。几个世纪以来，人们一直被教诲：不能贪得无厌。贪婪被描述成一种致命的罪恶。结果，它仍继续统治着世界。如果我们能用上哪怕一丁点儿的智慧，来处理这种掠夺逐利的倾向，贪婪早就该像尾椎骨一样退化殆尽了。

告诉一个人做某件事不好，他未必会放弃。但如果告诉他，这事儿很蠢，他倒还能知道，自己该留神听一听。他绝不会做出什么改变，直到他能自己意识到，这种行为确实相当自私。

当古罗马人提出"以毒攻毒"这个词时，他们是发现了一条伟大的生命法则。自私会带来好处，因而，这个世界永远无法摆脱贪婪。只有人们自食其果，才会停止这种与生命相悖的行为。

我们最大的敌人——麻烦，总在贪婪的保护下潜入我们的生活。问问你自己：如果在过去五千年，人类行为是基于合作和互助的，那我们的生活还会像现在这样艰难吗？想想通过战争、商业掠夺、剥削和漠视，贪婪摧毁了多少人类资产。想想那些被毁灭的城市、艺术作品、文学和设施，想想森林、矿山、被踩躏的草原，想想那些辛苦操劳，身心健康完全被忽视的劳动者吧。

腐败、贪污、犯罪和战争，令地球上每个人的生命受到威胁。只为了保全和提高自己的优势地位，它们损害了科学技术给我们带来的一切。

　　人们怎能如此自寻死路呢？如此自我毁灭，抛弃自己与生俱来的权利？在你我的生命中，在日日年年的人生、有限的经历里，我们也都同样短视。让我再说一次：衡量善恶，往往需要时间的跨度才能得到答案——我们因贪婪获得小利，却失去了别人的信任和爱，而这些才能真正带给我们富足和快乐。我们赢得一场小小战役，却输掉了整个战局。倘若体内的灵魂枯萎，即使成为亿万富翁，我们还是输了。

　　倘若你处在无人居住的南洋小岛，你面临的麻烦无外乎食物、衣物和居所。而在所谓的文明世界，你的生活仍然与食物、衣服、居所密切相关，只不过这种关系更为复杂。

　　军国主义者为商业目的，让欧洲爆发大战，无数生命丧生，税收上升，物价飞涨。有千百桩事可以让你日子过不下去。在你家附近，一群政客试图建造下水管道，造价昂贵，或许需要砍掉林荫道上的树，是这些人给你的生活带来麻烦。

　　你可能在一段时间内，强大到能与发起战争或压迫人民的人"搞好关系"。你可能在你的游戏中足够"圆滑"。但最终，生命、人与命运终将拆穿你，一旦它们发现你的贪婪，就再也不会让你的欲望得逞。

　　任何形式的自我中心也是同样。你让愤怒占据你，表达你的想法，激烈争吵，爱就会消失，珍贵的关系也毁了。或者另一种情况，你的感情受到伤害，你生闷气，害自己生病。你神经紧张兮兮，大脑也变得混乱。无论如何，自大会让我们的力量被削弱。

　　奇怪的是，贪婪反而是源于自我中心，或者换句话说，是源于自大受挫后，我们没想着以文明手段自我实现，反而转向贪婪。人们出于自身经验而过度自信，觉得别人都该臣服于他。一次又一次，直到命运不复眷顾，人们也不愿意配合他。渐渐地，事情变了调子，他从想追寻到想支配，从想获得到想独裁，贪婪掌控了他的内心。

简而言之，贪婪侵犯了关于自我的原则。人倘若相信人格不能妥协，就不该践踏别人的自我。他承认无论对自己还是他人，生命不可侵犯，这是生而具有的权利。他也不会忽略魔法公式，不会将自己的需求强加在别人身上。贪婪所追求的无非是自我满足，无论面对什么事，面对什么人。

这种冲动如此愚蠢，却存在于世界如此之久，让人难以理解。**更奇怪的是，正直的自私处处受辖制，贪婪却逍遥自在。**有种自私无非是把人们一点与生俱来的权利还回去，而只要我们对此稍加赞扬，善人的谴责声就接踵而来。但攻击地位稳固的贪婪，你就会被称为危险分子。这样看来，人们觉得贪婪必须被接受。人们妥善保护了它的掠夺性，不让人攻击，但这注定无法长久。

> 动物能感知你的恐惧，而懦夫也能嗅出他的同类。

案例 18　制敌之法

求生是人类本能。虽然死亡不可避免，但这也不影响我们追求长命而快乐的一生。挡在我们路上的只有一件事——人们学会了如何保护自己免受大自然的伤害，学会了如何战胜疾病，甚至战胜时间，但还没学会如何面对嫉妒、贪婪、怨恨和自私，保护自己免受伤害。

保护自己免受攻击，这有罪吗？

对于仍怀有幼稚的理想，没事就多愁善感的人而言，自卫似乎是相当自私的一件事。他们让你相信，"反击回去"违背了人类世代沿袭的美德（这种美德诸多人宣扬，但却鲜有人实施）。

而对于我们这些不因循守旧的人而言——每一个生命的最大责任，就是透过自己的行为，让邪恶绝无机会破坏生命的良善。倘若邪恶大行其道，希望就无立足之地。

想要探讨敌意的问题，便需深入新道德的核心。旧的生活哲学有两个原则，要么第一种，利用暴力手段发泄怒火，满足你的报复欲，听任愤怒征服自己；要么第二种，听任邪恶力量征服自己。

甘地曾实践过消极的不抵抗运动，但我怀疑这种方法是否适用于西方世界。而用积极方式制敌的**"积极不抵抗"**对抗邪恶，则是介于前两者之间的中庸之道。找到一些无须使用暴力即可制敌的方式，让你的对手自己摧毁自己。这是一种心理上的柔道或空手道。

战斗不是为了战斗，不是为了膨胀的自我，不是为了满足自尊，也不是为了击败或惩罚对手。战斗的目的只有一个：为了赢得更好的结局，甚至——虽然听起来很矛盾——不战而屈人之兵。要为了正义的力量而战，为了使我们在困境里无往不利的力量而战。例如，曾有一个男人威胁我说，除非我改主意，否则他就揍我。他当时挺认真的。但他动手前，我冷静地对他说："就算我们打完，我的想法也不会改变。你可以杀了我，但你无法说服我。等你在牢里，你会想起来这一点的。"我的坚定熄灭了他的愤怒。我们没打起来。

我也不是说，每个人只要运用"积极不抵抗"就能立刻解决任何麻烦。不过，只要你经常练习，熟练掌握，奇迹总会出现的。当你运用智慧，暴力就无用武之地。

俗话说，常在河边走，哪有不湿鞋。给你的敌人留点空间，他就会自寻死路。他会露出马脚，让你等到机会，发出致命一击。

一个女人发现，尽管她的邻居，她都挺喜欢的，但她丈夫几乎不喜欢他们任何人。而且，尽管家里能负担得起，丈夫还是不让她请用人。她为家务辛苦操劳，感觉自己陷入了困境，难过不已，直到她想到，完全可以以其人之道还治其人之身。

"这不挺好的吗？"她愉快地对丈夫说，"那我就不用跟其他女人那样，把屋子收拾得干干净净了，反正也没人来看我们，这也没什么大不了的。"然后，家里的脏乱程度令丈夫十分震惊，为了不住在一个这样的"猪圈"里，他不得不雇了一个管家，也开始邀请邻居们前来。

注意，这个方法是让你通过让步取胜。当你追求主要目标，就要放弃细枝末节。坚守你的信念，别被那些错误的价值观妨碍。只有把自己放在最重要的位置，才能走上康庄大道。

　　富兰克林·罗斯福就深知此等制敌秘密。有个参议员顽固地阻碍一项重要立法时，罗斯福发现，这个人是个狂热的集邮者，他就打算利用这一点取胜。一天晚上，罗斯福在整理自己收藏的邮票时，他打电话给这位参议员，希望他帮帮忙。参议员受宠若惊，当夜赶来，他们一起整理了一会儿——第二天，对该法案进行表决时，参议员投了赞成票。这是很重要的一课。在关于集邮的那次谈话中，他们谁都没有提起法案上的分歧，只是更好地了解了彼此，"化敌为友"了。

　　有时，我们的敌人是个恶棍——而遏制他最有效的方法，便是展示自身的力量。对个人如此，对国家亦然，这一道理恒久不变。面对只懂枪与拳头的敌人，勇气和决心是我们强大的武器。动物能感知你的恐惧，而懦夫也能嗅出他的同类。

> 不必讨论，不必乞求，不必争辩，不必说服。

案例 19　如何摆脱控制狂

你就是太好欺负了

摘自一封信：

"我可怎么办呢？"一个女人问道，"我是个女人，我丈夫工厂里的仪器明明都是最先进的，过日子的时候，却拒绝一丁点儿新想法。我丈夫 —— 克雷夫先生，让我极度受罪。他傲慢地压制我，就像个古代人对自己的女人似的。他也拒绝给我的两个女儿任何自由。如果我儿子反对他的任何想法，他就威胁说要和他断绝关系，我们根本活在奴隶时代。

"我家用人从来做不久，因为克雷夫先生把他们当机器，当他们想要合理的工资、合理的工作时间时，他还暴跳如雷。他在自己工厂里也这样，他说，工厂是他的，他高兴干什么，就干什么。

"当然，我只关心他在家怎么做。我们现在的相处方式就是他说什么，我得立刻同意他的意见，一直都如此。但关键是，有些事总得改变，否则孩子们的生活都要被他毁了。女儿带个男生回家，他就被这种'新潮'激得暴跳如雷，把男生全赶跑了。这些孩子太可怜了！你能给我一点建议吗？"

"是有建议，"我回答说，"只要你有勇气把这件事执行下去，并且你的三个孩子，也愿意全力合作 —— 从你信中来看，这倒不是问题。亲身经历的好处，就是具有最大的教育力量，你丈夫也是该受教训了。他还真需要经历一些能冲击到他的、戏剧性的危机体验。对于这种人来说，好好说话没什么用。现在你需要的，就是给他一个打击，让他不得不改变做法。所以我提出这样一个计划，需要五步：

1. 确保你的孩子完全参与，全家人都要鼎力合作。

2.任何情况下，都不要泄露计划。

3.把计划运用到极致，频繁地实践。

4.确保这件事惊世骇俗到让克雷夫先生不敢把它捅出去，也不敢与子女断绝关系。

5.到关键时刻，给他下最后通牒——坚持下去。做到，你就赢了。

"计划就是这样：既然你丈夫坚持裹脚布式的价值观，那就别让他享受近几个世纪的任何便利。哪天等他外出谈生意，你就把电灯和电话全都断掉，把煤气关掉，暖炉熄灭，把所有现代器械都放进储物间，让浴室里的马桶都用不了。跟古时候那样准备晚餐，只用蜡烛照明，用个小破火炉取暖。换句话说，既然你说你丈夫对现代化的看法如此自相矛盾，那就给他制造一个危机，让他戏剧性地发现，你打算放弃一切跟他的裹脚布观念不符的现代设施。"

大约一周后，我收到了回信：

"这听起来太激进了，但我的女儿们都很赞同，我儿子也是，我们完全明白在这件事上，和你所说的一样要彻底、要坚定。我们把老式炉灶拿出来了，给自己煮晚餐。为了不把用人拖下水，我们还给她放了一周假。照你的吩咐，我们也舍弃了一切现代便利。

"想知道你的计划带来了什么效果吗？克雷夫先生回家时，心情糟透了，正准备好好收拾我们一顿，紧接着发现房子又黑又冷。他"啪"地按下开关，没任何反应——屋里还是一样黑。他在房子里走来走去，发现了我们做了什么。精彩的部分来了。他似乎非常困惑，我们等他爆发呢，惊讶的是，他居然没爆发。克雷夫先生可能太吃惊了，他都说不出话来。而且，你知道的，尽管我们没预设，但不由自主地，我们四个人立刻开始一起抨击他。我们告诉他我们都经历了什么。我们威胁他要把他的行为公之于众。我说，如果他不从今晚就改变自己，那我就离开他。

"女儿们纷纷说要在法庭上如何给我作证，而汤姆——也就是我儿子——绘声绘色地描述了这件事会对他的生意产生什么影响。这奏效了。他无力反抗，战役就此结束。他就这么垮掉了。我想他过去只是在装腔作势，可怜的人。不管怎样，我们让他签了四份协议。我们每个人都持有一份，他签了字，承诺我们拥有现代家庭该有的一切独立自主。克雷夫先生倒是会守诺，他就是这样的人。我都无法描述，自从那晚，他变得多么安静温和——有点儿茫然，但也默许发生的一切。"

美国有成千上万个克雷夫先生，他们拥有先进技术，道德上却陈腐不堪。即使知道自己的价值观站不住脚，他们也拒绝改变。他们把自我牺牲神圣化为美德，但从不自己实践，而是用它来掩饰自己的冷酷无情，然后，他们也从不正视生活的本来面目，而是扭曲事实，让它符合他们的自我辩护体系。这不是对别人的欺骗，而是自我催眠。倘若打破这一伪装，他们还会感到痛苦，当他们这种压制自我的狭隘模式被打破，他们甚至会对自己生气。无论如何，我们会看到，他们对自己一手造成的局面无所作为。

否定自己的智慧的同时，你也会失去自己的判断力。所以

那些放弃思考的人，尽管发了疯似的为困境的细枝末节钻牛角尖，却无法解决任何困难。 跟克雷夫先生一样，他们"尽职尽责"，然而在他们"善意"的否认模式下，每个人都筋疲力尽。无私反而成了构成专制的核心。

克雷夫的妻子应该继续忍受她丈夫的自我中心吗？你的答案，取决于你遵循何种道德。

对任何相信绝不自我妥协的人来说，面对这样的危机，除了行动起来就别无选择。眼前的问题在于，找到方法让克雷夫先生改变作风，别再在家人身上寻求纯粹的自我满足。多年来，他们每个人都活得不健全，生活几乎全被毁了。他们为了追求自由，必须发起另一次"波士顿倾茶事件"。

在我看来，对付这种拒绝承认自己的顽固，还把它们强加给家人身上的控制狂，只有两种方法，要么直到你死——反正应该不太久，都彻底地妥协，完全地屈从；要么就制造这种冲击场景，让他不得不改变——对暴君来说，这是最好的也最苦涩的良药。

我还要补充一句：不必讨论，不必乞求，不必争辩，不必说服。这样做只会让人筋疲力尽。要敢于主动面对危机，相信长痛不如短痛，这可比拖上多年好多了。

这种沉默原则，也适用于对付**神经症自负**，即病态的自我中心。他们幼稚的虚荣心，不成熟的情绪化，绝对无法单凭言语解决。而在敏感、阴郁和自私等心理状态中常见的自怜或隐秘的残忍手段，也无法仅通过忍耐来应对。具有这种神经症自负的人，总试图将你说的每一句话曲解为刻薄寡义，他们会用这种方式谴责你，控诉你虐待。过度解读你的话语，扭曲你的意思，给你强加邪恶意图，直到你和他之间的关系乱成一锅粥。

不必多话。放弃他们吧。言语治不好冥顽不灵的狂热，谈话也改变不了一个神经敏感的人的病态心理。那些因为早期环境造成心理疾病的可怜人，你也没法责备他们。他们不该为他们被训练出的态度，也不该为家庭给他们造成的冲击负责，不要因为这些而怪罪他们。

想象一下，如果没有这些神经质的亲人、恋人，你能活成什么样，你能做些什么。然后就照着你所想的那样做，无论遭遇什么都这么干。事情会过去的，他们也会好转的。永远不要屈服于任何人的精神问题，要敢于反对、敢于无视它。

"

当我们不得不成为一个谋划者，

那就好好做，别做一个愧疚、犹豫、

撑不到最后的谋划者。

案例 20　来吧，搞定麻烦

聪明人会以毒攻毒，让麻烦搞定麻烦。你应该听说过那个故事吧——一个男人把妻子所有亲戚请来家里，来迫使丈母娘离开他家。

对立的问题正如双重否定，往往可以互相抵消。一名商人有个爱管闲事的合伙人，总是对每个部门的工作指手画脚，为了纠正他这个习惯，商人把各个部门遇到的问题、层出不穷的麻烦，都交给这个合伙人处理，问题太庞杂，他再也受不了，不得不放弃。从那时起，他除了自己分内的事，再也不插手别人的工作了。

一言以蔽之，理念就是：做出有效行动，以彼之道还施彼身。倘若没有什么事妨碍你的努力，阻挠你的成功，那你做个直来直去的人就是了。但是，很少有人能如此太太平平地获得成功。生活中总有自大狂用他们的傲慢无知给你带来负担。只有认清他们的愚蠢行为，以他的方法来化解他的刁难，才能搞定这纷扰红尘，把麻烦踢开。

有一次，因为我停车超过一小时，一个好管闲事的警察给我开了罚单。广场停车位上又没有任何标识。我看他站在十字路口，就向他走去。

"警官，"我说，"我在做调研，调查我们这座城市的停车问题，你知道从这里到最近的'停车不超过一小时'的标志有多远吗？"

"我想还挺远的。"他回答说，然后收回了罚单。

无论何种情况，如果你还想赢，千万不要跟一个自大狂对着干，你绝对会使他更起劲儿，处理这种状况更好的方法是冷静中立。倘若有人侮辱了你，不要生气，也别趾高气扬得跟个膨胀的巨人似的。如果你觉得他想哄骗你时，那你记得隐藏实力，自吹自擂只会引起别人警觉，但倘若我们放低身段，他们就会自我膨胀。面对的麻烦越大，就越应该隐藏实力，只有懦夫才会大喊大叫，以示威胁。

如果你不给对方机会展示实力，你就对别人的力量一无所知。如果你自我吹嘘，就没有机会摸清别人的力量。但是，如果你暴露了你的需求和弱点，对方就会骄傲起来。只有这种方式，才能发现对方一击必中的弱点。

换句话说，没有什么力量能超过看似无害的坦诚。当敌人害怕你的时候，你就无法了解他们的底细。因此，预防被骗最好的办法就是保持纯然的天真，这事很吊诡但也很真实。欺骗会改变一个人的诚恳天性，算计令他思虑复杂，他反而摸不清你的力量了。你像孩子一样天真无邪，你的直率就会让他望而却步。两面派的骗子没有办法真正专注。背信弃义会毁掉人的智慧，也就是说，狡猾的头脑永远想不出好的策略，因为走不出自己的诡计。他们可没什么良心，也没法真正弄懂你的坚强。

除了人之外，唯一缺乏"静观其变"智慧的动物就是猴子。猴子在行动之前，总是忍不住大声嚷嚷。看看猫咪，它静静地蜷伏，只有微颤的尾巴尖儿，才能暴露它的目的——这一点也不太明智。沉默乃至一动不动的等待，才能创造奇迹。真空远比狂风有力。同样，我们可以用此方法，将一件烦心事变成解决另一件烦心事的办法。

我认识一个女人，她带着个"熊孩子"，每次造访都令我心烦。我还有一只狗，就像那孩子一样难缠，简直就是个讨厌鬼。后来，每当这位女士带着孩子造访，我就让我的狗也待在那儿。她果然不再来了。

然而，如果麻烦主要来自你内心，在你内心激起波澜，我们就无法用这种方法来处理了。处理这种问题的第一步在于自身，在于理顺自己内心的咆哮，摆脱自己的烦躁。跳蚤、蚊子或账单，这都是生活的一部分。傲慢的邻居、愚蠢的亲戚，这也不少见。接受他们，将他们视作粘在手上的泥土，只要冷静对待，任何时候都可以洗掉。

将此视为规则：**在情绪还被裹挟在里面时，不要试图解决麻烦，先放一会儿，直到能注意到这件事有趣的一面。** 即使是在愚人节被儿子作弄，脚趾受伤红肿，也有它有意思的一面。

当然，这种积极不抵抗的技巧，有时候也会成为"火上浇油"的举动。在亲密关系里偶尔的争执更是如此，当伴侣冷漠疏远，倘若因为愚蠢的骄傲，你抽身走开，那关系只会陷入寒冬。这时候，要善用破冰技巧，用温暖对抗严寒。换句话说，如果你不能移动冰山，就把它融化吧。把它当成有趣的任务，你也会从中得到快乐。锁定某个爱抱怨的对象——例如，你丈夫，试着用越来越多的温暖照耀他，让他在耀眼的爱之下失去反抗能力。

然而，除非你的心充满爱，否则，仅仅尝试"好方法"是没有用的，真正暖心的微笑可以打动人心，但如果你的目的是打动人心，你永远也无法学会这样微笑。去练习善意这项艺术，发现它的本质，该何时做，为何做，它真正的感受是什么。想要形成真正沁入人心的真诚，这是必不可少的。如果善意只是手段，那么就会变成最差的策略。多数成功学书籍的问题在于它告诉你该做什么，却忘了警告你，倘若你不是发自内心这么做，只会迎来失败。

最愚钝的人也有其优点，而你再好，也不至于是一个圣人。所以化敌为友的艺术与每个人身上都有的善恶两面息息相关。承认被敌人发现的自己的缺点，发现对方拥有的，但一直被忽视的优点，可以减弱对方的敌意。我们将这称为"爱意至上"的哲学。当事物好的一面与坏的一面结合在一起，它正向的力就会压倒邪恶的一面。换句话说，如果你的敌人同时考虑到好坏两面，这种联系会提醒他，他所爱的一面也会受伤，这就会阻止他作恶。

我认识一个男孩，他曾经和一堆不着调的人混在一起，直到他意识到再这么做他可能会染上一些病，而这些病可能会传染给他的母亲和姐妹。想到她们，他决定改变自己的生活方式。

每种事物都有其脆弱点，你的敌人很自负？那他就会漏掉一些细节。他优柔寡断，过于自卑？那他就会看不清大局。他容易紧张、过度敏感？那他就会不小心太快下决定。他过于随性、过度自信？那他就容易错失良机。相信敌人有弱点就成功了一半，这种信念也是找到敌人的弱点的最大动力。让"寻找弱点"成为你的一种习惯吧。

各国秘密特工都会被教导：要观察每一个异乎寻常的新情况，观察每一个人的反常之处，注意混乱、出乎意料的事，以此察觉线索的痕迹。他们聆听奇怪的言论，观察无法解释的行为，寻找紧张的举止。对于那些声音里不悦或傲慢的腔调、突然转变的态度、隐匿着秘密的证据，他们保持警觉。他们密切追逐极端的言论，观察事物潜在的走向。这是保持谨慎并获得成功的方法。

然而，不要用面对自大狂所必需的怀疑态度，来对待整个世界。它只需用在这种情况下：

- 当你确信对方并不正直；
- 当你能够做到置身事外；
- 当运用巧招并不有失公平；
- 当你不会因自己的技巧而感到傲慢；
- 当行为对接下来的行动必不可少时；
- 当自然这样引导时，因自然是最为灵巧的。想想看它给了跳蚤什么，多么强大的一跃！想想鸟和其他动物，它们的保护色就是不诚实的吗？只要在合理的情境下，机敏同样是诚实的。

当我们不得不成为一个谋划者，那就好好做，别做一个愧疚、犹豫、撑不到最后的谋划者。要么做，要么不做。当然，即便出于被迫，受到厌恶的事威胁，你有权采取行动，但也依然受合作与互利原则制约。倘若你坚信绝不自我妥协，那么你使用的技巧，也应为他人预留后路。你应扼杀他们的邪恶，而不是为了满足一己私欲。而对你不义，便是与生命背道而驰。同样的道理我们自己也该铭记。

下面，是一位长期淫浸于心理战略的人提供的原则：

心理对抗技巧 14 条

1. 别成天板着张扑克脸，这在美国行不通。练习出来一个天真、开朗、善良的表情，维持好它。

2. 任何情况下，热情都是最好的保护色。全情投入是有感染力的。希望得到这样的对待，就先这样对待别人。

3. 当黑豹陷入僵局，它也会打打哈欠，伸伸懒腰。在紧张情势下，没有什么行为比放松的表情更有力了。

4. 当陷入困境，不妨自嘲。笑是世界上最伟大的武器。一直笑着，直到别人也和你一起笑，但嘲笑的对象只能是自己。

5. 如果非要说一些令人不快的话，用温和的方式，慢慢地说。

6. 没有什么比忽然压低声音更吓人的了。压低声线，好过握紧拳头。

7. 永不在你的敌人面前显露聪明。你看起来越傻，对方的攻击就越无威胁。

8. 要知道，自大狂都非常固执。永远不要向他们建议你希望他们做什么。谈谈相反的计划，让他们替你提出你想要的。

9. 记住，恐惧比固执更顽强。想打动一个胆小的人，就在争论的另一边，找点他害怕的东西，讲鬼故事可以让懦夫穿过狼群。

10. 永远不要试图控制别人。管好你自己和你的一言一行。操纵别人定会导致失败。你自己的思想才是你努力的战场。

11. 直面困难，困难就会被你吓退，十有八九，困难都是人为制造出来的。你怎么处理问题，基本上已经决定了会发生什么。不要退却，勇往直前，别人就会退让。

12. 当别人忽略你的时候，就是在告诉你，你该用同样的方式对待他们。每一种情况都隐藏着解决之道。从环境中吸取教训，你会受益良多。

13. 永远不要相信一个隐藏自己缺点的人。没人一直聪明，越智慧的人越乐于承认自己的愚蠢。人群里最安全的那个，就是知道自己会犯错的人。

14. 欺诈等于承认自己软弱。强壮的人很少耍花招。你不畏欺诈，他反而会落荒而逃。诡诈只会导致愚行。一个聪明反被聪明误的恶棍，只会迎来弄巧成拙的结局。

> 现在，我想让你休个假，
>
> 不要再做女人了。
>
> 当你忍不住的时候，
>
> 就问问自己，男人会怎么做？
>
> 他不做的事，你也不要做。

案例21 "高尚的自私"

一位职场女性坐在医生办公室里，又紧张又疲惫。女医生富有经验，久久而坚定地望着她，就像在权衡自己所说的话可能产生的影响。觉得差不多后，她笑着开口："我觉得你应该休个假，亲爱的。"

"休假！为什么？这不可能。"女人惊叫道，"公司不会让我走的。而且，我钱不够，也没办法去什么地方。"

医生点点头。"确实，但我所说的不是这种生活上的度假。我觉得你该暂时放下做女人的职责，你成天努力工作，承担老板秘书的重担，忍受他男性化的自我给你带来的压力。你还打扫公寓，做饭洗衣，当朋友来拜访，你还要精心准备美味佳肴，不厌其烦地让他们过得开心。"

"男孩子们就吃这套！"

"我知道他们是这样，"医生同意说，"你看，我也是个女人。但你跟我说，一个年轻男人会怎么做？会让上司给他带来无尽的小麻烦吗？他会自己做饭、洗衣服、收拾房间吗？最重要的是，他会一直忙碌到半夜，就为了准备第二天晚上招待你吗？"

"那我肯定，他不会的。"

"是，他当然不会。只有女人会这么做。现在，我想让你休个假，不要再做女人了。当你忍不住的时候，就问问自己，男人会怎么做？他不做的事，你也不要做。"

这是我们国内一本杂志上刊过的故事，作者是范妮·基尔伯恩。从圣地亚哥到奥古斯塔、缅因，甚至从西雅图到圣奥古斯丁的各地女性，都看到了这个故事。她们来信向她表示感谢，许多人对她说了当她们应用这种明智的自私行为后，生活发生的变化。

如果我要写一本书，讲述年轻女性应该知道什么，我肯定把这个流传甚广的故事加进来。每个家庭都应该读一读这个故事。在基尔伯恩小姐的这个故事里，女主人公后来发现，她的男朋友来她家只是为了享受美食，而她老板之所以能保住自己的地位，全是因为她的工作效率。她运用了新的自我保护策略，获得了原属于她上级的职位，也赢得了另一个男人的爱。

在最后一次治疗，也就是收到女医生的建议前，故事的女主人公一直损害自己的权益，这也导致她的健康出了问题。而她后来之所以成功，是因为她拒绝让自己被利用。然而，她的这种新精神，不是为了追求自我满足，也不是想让别人屈从于她的意志。她只是简单地做拒绝任何有违自尊的事情，何况，只要她不拒绝，对她的羞辱就会一直持续下去。

法国医生皮耶·贾内告诉我们，**女性在诸多无关紧要的琐事上浪费心力，这导致她们很难积累名声与力量。这就是为什么她们比男人更需要学习自私的艺术。**

相较之下，看看诸多企业家在工作中的全神贯注，他们视工作为上帝，其他人（家人、朋友和员工）不得不替他们打理所有事情，否则工作就无法完成。想想作家们全神贯注投入文本创作的专注，灵感来了任何人都不许打扰他们，生活也必须在此等追求面前让步。

或者想想加里波第、马志尼和托尔斯泰对目标的热忱，想想瓦格纳、歌德和罗丹对于他们作品的全神贯注。别人能干预他们吗？身边的每个人都得为他们服务。倘若不是这样，怎么会产生那些伟大的音乐、戏剧和雕像作品呢？

在追求人生目标这件事上，每个人都有权全神贯注。我们无须害怕成功。总有些人在每次成功到来时逃之夭夭。他们似乎觉得，权力与成就是背离心灵，他们无意识地将失败与善良联系在一起。

总有缺乏自信的男人，也总有无法展示性感的女人。社会教育他们：无私的人不该具有这种权力。那么，难道我们必须以善良的名义，与乏味的女人或猥琐的男人生活在一起吗？

高尚的自私，倡导人们表现魅力，主张个人权力。拥有这种自私，你将学会与人交往的艺术，学会成为一个有趣的人的艺术。拥有这样的财富，也无须参加愚蠢肤浅的课程了，什么"魅力值培训""如何令人颠倒神魂""如何吸引每个人的注意力""修炼魅惑眼神""获得无敌个性"这些东西。

教人学习如何变得有魅力，这简直就是胡说八道。但是，难道因为骗子抢占了我们的市场，我们就该放弃获胜之法吗？除美国之外，任何地方"教你可爱迷人"的行当都不会如此猖獗，绝没有其他地方训练销售员以傲慢态度诱导他人消费。

尽管我们充分认识到了魅力的商业价值，它仍然是幸福的一个基本要素。无人可替你培养自己的个性。也没人会帮助你获得他人的回应和认可。只有通过练习，你才能熟练掌握这门艺术——高尚的自私。当你能拨动他人心弦，才会获得他们的关注。

这不是多难掌握的技能。于内心某一个隐秘之处，每个人都是孤独的，都渴望浪漫的慰藉。性吸引力没什么神秘的地方，同样，我们都在面对挫折时想得到安全感，在衣食住行方方面面的生活之旅上，也希望有人理解我们的言行，并给予回应。我们渴望立身之所，在那些帮助我们在社会上立足，使我们得以站稳脚跟、实现自身目标的人面前，我们愿意放低身段。

自由是我们所有人追逐的目标。而获得金钱，就意味着可以获得此等满足。因而，当有人向你指明获得金钱的道路，我们就会与这位良师益友建立连接。对于以友善来接触我们的人——无论这种友善是以口头还是行为方式表达，我们也会表达感激。如果他给我们带来快乐，帮助我们放松，给我们慰藉，那就会得到我们的爱。如果他的同志情谊给我们安全感，帮助我们避免为难，带给我们鼓舞和信心，我们就该把他当成血亲弟兄，因为他帮助我们做自己，成为自己。

而那些愿意为他人这样做的人，就能因他人坚定的爱，而获得地位。最神奇的是，他从未从他人身上索取，却得到了所有，这就是为什么高尚的自私如此神奇。

> 只要你还相信妥协的那套鬼话，
> 就得以凑合的方式活着。

案例 22　如何摆脱孤单

又是达西百货打烊的时候，卡罗琳收好了自己的东西。又是一个淹没在时尚工作里的日子。很快她就挤上了回家的地铁。过一会儿，她会独自吃完晚餐，然后沉浸在一本小说中。

走在纽约这样的大城市，每天被数百万路人包围，他们来来去去，嬉嬉闹闹，名来利往，没人会停下来看看你，还有比这更孤独的荒漠吗？无人注意到她，这让她愈发退缩到自己的世界里。她就像一只受惊的兔子，钻进自己孤独的小窝。

几个月来一直如此，她不知道如何改变。交朋友，认识合自己心意的男人，这些事看起来根本做不到。大学毕业后，面对的是怎样的境地！她完全没准备好面对谋生的阴郁和痛苦！

这还不是最糟糕的。起码在晚上，她还有逃避之所，借由阅读一本又一本新的言情小说获得安慰。只要故事继续下去，她就可以活在一个个别的女孩的喜怒哀乐当中。但之后，在黑暗中，孤独地躺在床上，一切就都可怕起来。任何人都有这样的欲望，这样的身体需求吗？她想知道。

冬日的阳光被窗帘切割，在地板上留下块状的阴影。在达西公司人事经理布莱斯夫人的小办公室里，卡罗琳已经坐了一小时了。布莱斯夫人引导她讲讲自己的故事，但她既不知道为什么，也不知道该怎么做。她几乎从不讲自己的事，她一直都有过于沉默的问题。

"如果你允许我帮你，我觉得，我可以帮你克服你的羞怯个性，告诉你怎么交到朋友，"布莱斯夫人说，"第一步，我建议你报个艺术学院的夜校课，别再读那些言情小说。对你这样的女孩子来说，言情小说就像毒药一样。你在店里的工作很有前途。我希望你能升到我们广告部门的行政部。这需要你学习更多的绘画和色彩。最重要的是，你晚上得出去，不要自己一个人待着。

"年轻人互相接触，就是在上课、去教堂、参加徒步俱乐部，或者其他的聚会地方。但还不只这样，如果你不够'自私'，也就无法保有自己的活力，你就不会被人爱。你也经常听到别人说：'哦，她就像是这世上的盐，但是真的，你知道吗？她真的让我厌烦。'没有搭配胡椒，或者其他调味品的盐，得多乏味啊。想象一下，谁能坐下来吃那堆白色粉末啊。然而，很多人要求我们这样做，他们期望我们为这种晶莹纯洁感动不已。我觉得他们不可理喻，所以逃离了他们的社会。我只是在做任何一个头脑正常的人该做的事情。

"学会无视别人怎么看你，怎么说你。你必须得先学会跟自己相处，然后才能学会跟别人相处。**别人和你交往不是为了你的福祉，而是为了他们自己的福祉。**他们可能会骗你，告诉你他们有多爱你，多想和你在一起，让你像个可怜的奴隶似的伺候他们。如果你信了，最好去做个心理测试吧。他人之所以愿意为你的生活创造价值，是因为你为他人的生活创造了价值。只要你能给他们一些重要的东西，你就无须担心他们什么也不会为你做。"

卡罗琳接受了建议。等她回来想说谢谢，说自己在社交方面的进展时，布莱斯夫人反问："不然你觉得人事经理是做什么的呢？"

是的，她已经解决了这个问题。多么奇怪！在男人中受欢迎的秘诀，就是知道如何倾听他们的声音。

"大多数男人都很自负，"布莱斯夫人告诉她，"他们不想听很多你的事，他们就想谈论自己，所以不用担心该说什么，这太蠢了，温柔地看着他们，问些问题就行了。他们无非要你崇拜他们，亲爱的。"

真奇怪，卡罗琳想，成功处理人际关系，步骤竟如此简单。她现在算是明白了，以前那么不快乐是因为她孤独，她长久郁郁寡欢，成天焦躁不安，身边每个人都落荒而逃。而当她学会布莱斯夫人的"友谊法则"时，所有事都变了。

"亲爱的，人与人之间的交往是一门艺术，我长期替别人解决问题，这教会我一件事，"这位聪明的女士说，"那就是，想实现你远大的愿望，你就得千方百计地练习。这就是生命的法则。哪怕她们是柜姐，你也得学会和这些店里面的女孩子相处，得学会对报童说鼓励的话，在车站的时候跟擦鞋的人聊聊天，任何场合，一有机会就展示自己的善意。别人起了话头，你也加入其中。好好想想，试着共情他们的情绪。沟通是人际关系的关键，你得走出自己的外壳，否则哪儿也去不了。

"你之所以不善言辞，是因为傻傻地等着幻想里的爱人，把你从孤独里拉出来。这种人永远不会出现。你永远遇不上这个人，除非你自己学会如何打动人心，自己走进他们的生活。"

只要你还相信妥协的那套鬼话，就得以凑合的方式活着。只有把对爱和欢愉的被动向往变成主动追求，才会找到它们，

得到满足。正如卡罗琳很快发现的，这并不意味着窃取他人的满足感。更确切地说，是通过给接触的人带来幸福，自己也获得了快乐，通过帮他们摆脱凑合活着的生活，她自己也盈满幸福之杯。

> 如果婚姻建于自我牺牲之上，
>
> 那你会一直挑到地球上最烂的人，
>
> 因为你在做这世界上最大的自我否定。

案例 23　选谁结婚

　　一年过去了，卡罗琳闷闷不乐，望着灰沉沉的黎明。此刻，她终于与自己长久以来不断渴望的恋人在一起了，在这个本以为会令她熠熠生辉的时刻，她却只有苦恼。她早已取得诸多胜利。艺术课给她带来了恋情，还带来了布莱斯夫人预言过的职业晋升。她工作很愉快，能在广告中创造性地进行自我表达，当然，她还不会画图，但总有一天会学会的，工作进展非常顺利。

　　她的问题现在很明确。她该结婚吗？这会对她的工作造成什么影响？两个看上去都爱自己的人，她该嫁给哪一个呢？她爱他们中哪一个吗？这两个人都想在今年夏天跟自己完婚，而她不得不承认，她很想结婚，胜过做世上的任何事。长期性压抑的痛苦，让这件事变得诱人。一次又一次，她终于屈服，几乎就要去满足这种无止境的渴望。

　　那天傍晚，卡罗琳来到布莱斯夫人的小办公室，有点儿羞愧地讲了自己的故事。

　　"我又来了，"她开始说，"但这次不是因为我交不到朋友。我觉得——你可能把我教得太好了。我似乎真的很受欢迎，有两个男人想娶我。"

　　然后她讲了她的困境，在漫长的不眠之夜里，她总担心自己犯下错误，嫁给不爱的人。似乎，这俩人都热烈地爱着她。

　　"这不是很幸运吗？"布莱斯夫人打趣她。

　　卡罗琳飞快地抬起眼，想弄清她话里暗示什么，但布莱斯夫人只是沉静地笑着看她，然后给她讲故事，她生动地描绘了一场可怕的事故，他们两个人都受了重伤。

　　她讲得可真好，卡罗琳紧握着双手坐在那里掉眼泪。"不，不，不是那个，不是那个。"她喊道。

　　"当然不是，亲爱的。但现在难道你还不知道你该嫁给哪一个，你爱哪一个吗？"

　　卡罗琳点点头："是理查德。"

　　"你看，"布莱斯夫人继续说，"**爱情无关乎品格是否高尚，也不取决于才华或者物质财富。它是两个人之间契合度的问题**。我们会感到一种奇怪的拉力，像地心引力一样，我可以这么形容吗？在你的情况里，你克服了羞怯，但还是有一点儿恐男，你害怕男人，也害怕与他们的关系判断失误。你眼中的阿特伍德，一个好人，有知识，有见地，是个执着而积极的求婚者。而理查德才是你爱的人，即使他贫穷，也不太聪明，但你能感受到他的温柔，感到他懂你。你从内心能感到他的忠诚。"

　　"我和他在一起很有安全感。"卡罗琳同意道。

　　"这是一个再明确不过的征兆了，"布莱斯夫人继续说，"现在让你比较这两个男人的优缺点，好像也没有什么意义，这只会让你给出深思熟虑的答案，而这答案反而会误导我们。所以我让你经历了一个想象中的体验，让它触动你的内心感受。这就是为什么我编了这个故事，把你们三个放在车祸环境，让他俩一起受伤。"

　　"你讲得太好了，我完全陷进去了，"卡罗琳说，"就跟我以前读那些小说时一样。但我一下子就知道，我不会奔向阿特伍德，去照顾他。而如果理查德出了什么事，我肯定受不了的。"

"如果你不嫁给他，你的生活也会像这样。如果你嫁给阿特伍德，你仍然会幻想和理查德生活在一起，想象他过得怎么样，并且为之心碎。"

"你怎么这么聪明，用这种方法来揭示？"卡罗琳问道。

"亲爱的，这不是聪明，只是受过训练罢了。现在我们都知道，无论面对何种严重问题，秘诀就是，知道如何把自己的想法变成体验，把自己放进这个问题情境，就像它在生活中实际发生过一样。此外，这个人需要深入又客观地沉入这种想象。用那个故事把你吸引住，我就完成了这两个目标。"

如果对于生活难题，只提供一点解决建议，那就是：把你的问题变成一种体验。让理论具象化。把情感投入到虚构的行动中，让想象变成现实，在其中选择行动，以此来测试自己的想法。

卡罗琳之所以内心矛盾，是因为她只是陷在爱情困扰里，没有深刻地探讨过。她理智分析了阿特伍德的优点，并据此标准衡量理查德。但她压抑了自己因对理查德的爱而产生的性吸引力，何况，阿特伍德也实在是一个热切的情人。卡罗琳现在能看出来，是他的钱给了他信心，而理查德就一直犹豫不决，不确定他能否提供给卡罗琳她应得的一切。

太多人出于愚昧的无私，被别人占有欲的表现欺骗，觉得自己陷入了爱河。被人爱着似乎让他们觉得，在爱人眼里，自己是有价值的，是有人格魅力的，是高尚的，然后他们就结婚了。这种故事司空见惯，你也知道后续的发展。

别仅仅因为别人爱你就结婚。这不是一个正当理由，时常会带来糟糕的结果。如果他只是占有欲强，嫉妒心旺盛，他就不是爱你，只是想占有你。他需要通过拥有你来喂饱他的自尊心。把你当奴隶会给他力量。如果你满足了他，你会后悔一辈子的。占有欲和嫉妒可是掠食性的标志，是我们洞穴时期生活的残留物。

不要在想为对方牺牲或者想占有他时结婚。只有当你也爱对方的时候，才应该和对方结婚。自我否定和占有欲是一对邪恶的双胞胎，当它们入侵时，爱会仓皇逃走，关系会变成人间地狱。如果婚姻建于自我牺牲之上，那你会一直挑到地球上最烂的人，因为你在做这世界上最大的自我否定。事实上，爱的法则也证明了以自我否定为生活方式是多么愚蠢的行为。它让你的直觉和原始本能沦为附庸，让婚姻沦为一场交易。

让爱的真诚和鲜活引领你进入婚姻，否则的话，婚姻就是一场赤裸裸的犯罪。

永远不为取悦他人而结婚。这么做是对爱的玷污，尽管这样的夫妻最终还没离婚，它也早该离了。伴侣之间真实而深刻的内驱力，总会在某时、某处浮现出来，让一段互相凑合的关系陷入痛苦的困境。不要因顾虑他人的命运，阻挡了你追求爱情的路，否则，你会暗地里恨这个摧毁了你获得浪漫幸福机会的人，还会毁了他。当爱降临到你生命中，就和别人分享它，分享它带来的一切，无论这个人是父母、子女，还是你的丈夫或妻子。我们要伴着爱，走向爱。但别三心二意地走，等自己和生活都准备好再进入爱里面，否则就继续等。如果无法坚持到底，不要开始任何事情。

最重要的是，即使失去婚姻庇护，也别和不会对你好的人结婚，别和你不想要的人结婚。总有这种情况，男人觉得自己该像个男子汉一样承担责任才走入婚姻，但如果他在关系中失去自我，他也会最终失去这段关系，如果被困在类似的所谓的伴侣关系里，女人把麻烦丢在他身上，他就扮演尽职尽责的奴隶，或在社会要求下背负重担，进入无望境地，这个人最终也只会成为空洞的复读机。

在爱里面有一条基本原则，就是"永远做自己"，从开始时就这样做，这是保护自己的方式。对合不来的人也无须去赢得他或她的心，徒增烦恼罢了。等他发现真正的你，那个他不爱的真实的样子，还会因此暗暗恨你。

在婚姻中，绝不沦为伴侣的附属品。保持自己与生俱来的野心、才智和价值。别让一个男人把你养在家里，将你困在家庭里；同样，也别让一个女人把你绑在家里面，就跟拴着链子的狗似的。生命才该是你的归属。只有对方不想占有你时，你才属于对方。

还有，别忘了"成熟"这个原则。那些二十来岁就结婚，各方面都发育不成熟的人（没有人能在这个年纪真的成熟），更要想清楚。**两个人都还在成长阶段，要考虑的最重要的事，不是"他到底是怎样的人？"而是"他会变成什么样的人？他会选择什么道路？25年后他会变成什么样？"**

他会和你同步成熟吗？你们是否想要共同成长，是否能做到共同成长？如果是这样，你们可以在一起。但如果你们的成长方向背道而驰，离婚就不可避免。以发展的态度考虑婚姻十分必要。而且，它可以保护你不犯完美主义的错。以你理想中的伴侣90岁样子的标准，来衡量现在的他颇为荒谬。他在29岁时，绝不可能如此聪明、温柔与成熟。这是需要数年时间洗礼的。

如果你的恋人愿意朝这个方向努力，这就挺不错。如果他有着与你相同的发展方向，持有同样的价值观，说着同样的语言，那就太好了。倘若你喜静而他喜噪，你想去博物馆他却彻夜狂欢，那就不要嫁给他。与其在多年后才面对真心，发现自己并没有拥有过这段所谓的婚姻，还不如现在就失恋，这是及时终止你的痛苦。

当你为爱妥协，实际上是在否认甚至伤害了你与生命的基本联系。不仅如此，你还会成为你结婚对象生命里的绊脚石。你和他共同生活，甚至依靠他生活，就是在消耗他的生命。放任自己这么做违背了亲密关系的基本原则。当婚姻纯粹是自我满足，纯粹为了得到你一时心血来潮想要的东西时，它会让你失去活着所追寻的生命力。

> 倘若自己燃烧得足够光明，
> 就能够带动别人内心的火。

案例 24　吸引力法则

"我们公司正面临危机，"他说，"然后，我的合伙人就把所有事都怪到我头上。我是产品经理，但我们的产品确实卖不掉。"

"那你这阵子做了什么来应对困难？"

"我们把每分钱都花在广告上，我也开拓渠道，见了我们领域的每个经销商。各种推销技巧我都用过了，从高层到混子，我都认识了。他们接受了我们的产品，但老百姓就是不买。"

"你们的产品是什么呢？"我问道。

"报摊上卖的糖果棒。"

"你是说，买报的那些白领啊，档案管理员啊，就跟看不见你们的产品一样？"

"对，就是这样。"

"你们价钱怎么样？"

"就和别人一样啊。"

"尺寸呢？"

"差不多，还大点儿。"

"拿点儿你们的糖给我看看。"

他出去了，过了一会儿回来，然后，我接过了糖果棒。它用绿色防水油纸包装，上面用黑和蓝墨水密密麻麻地印着信息，诸如 100 个包装纸兑换奖品等。油墨味儿还在。

"你把这个给猴子，它都会给扔出去。"我说。

"这可是最好最纯的糖！"他提出了抗议。

"没区别，还是会扔掉。"

"可是，为什么？"

"因为这绿色，就跟有毒的草似的，还有点儿像铜锈——顺便说，铜锈也有毒。这种蓝绿色吧，一般都是在警告：危险！还有这墨水味儿，臭死了。猴子可看不见包装里面。我也不会。它肯定会被丢掉。这就是为什么白领们不买它。你们包装产品的方法，可真是没有一点儿吸引人的地方。"

此时，这位朋友的许多竞争对手，都已经学会了使用透明包装纸，让顾客能看清里面。我让他以其他人为榜样，简单扎一条白色带子就行——就像固定餐巾的亮晶晶的小环那种。不过一个月，公司就扭亏为盈了。

你可能会说，这不过是个小点子，因为竞品公司早就用过它了。然而，就是有许多人、许多公司，因为没有遵循基本原则而招致失败。

让一个人对一件事感兴趣的唯一的方法，就是以一种聪明的手段触及对方的私心。无论面对的是彻底的自我牺牲型理想主义者，还是夏洛克般的奸商，这种方法都管用。即使是圣人式的慈善家，只要你说的话和他的事业有关系，他也会关心，他也想在自己的领域取得成功。

智力可以用于满足欲望。我们必须运用智慧来让我们的渴望得以实现。忽略这一点，你既卖不出糖果也卖不出你的想法。而接受这一点，你就会得到你的孩子，甚至你太太的合作。

毕竟，如果说自保是你行为背后最大的动机，对你必须打交道的任何人来说，事情不也同样如此吗？注意他的兴趣和需要，研究如何让他更舒适，让他更能实现自己的潜力。做到这一点，你就无须费神让他回应你。

当一个小男孩想让他的朋友来他家玩，他就会先去朋友家拜访，这是明智的行为。如果你想让别人以你的方式思考，你就得以他的方式想想，找到你们之间能产生共鸣的事物，然后再邀请他进入你的思路。

但如果你的头脑里一团糨糊，可别指望别人会喜欢。只有我们能将自己的思想化繁为简，化晦涩为清楚，才能和别人建立智力上的桥梁。没人知道你在说什么，除非你能把事情说得清楚明白，明白到最糊涂的亲戚都能听懂。

有位科学家，以前总在桌子上放着一个泰迪熊。他想用最直白的话语阐述他的科学研究，要说到连泰迪熊都能理解的程度。这可真是一门艺术。

几年前，我乘坐一列开往东部小城的火车，旅程整整五个小时。我在火车餐车上遇到一个男人，长得像外国人。我们就开始闲谈。我发现他是个厨师，是纽约一家大饭店的主厨。我们聊得挺开心，他给我讲了许多关于食物心理学的趣事，还有人们奇奇怪怪的饮食偏好。返程途中，我在卧铺车厢遇见了另一个人。他是养牛协会的主席，我们开始交谈，聊得挺好。他跟我说了关于牛繁殖的各种生物学原理，还有养牛时遇到的跟人性直接相关的故事。谈话的艺术其实很简单——从对方的思想里，找到你感兴趣的东西。

成功的交谈要遵循一个好新闻的规则：从听众熟悉的话题开始，逐渐转移到他不熟悉的话题。不要直接把你想说的主要

事实甩在你同伴脸上。**直球只意味着你笔锋不力、智力迟钝。**
停下来，仔细准备你的陈述，从对方相信的事到你希望对方接
受的事之间，仔细准备一系列不同梯度的阶梯，直到通向你的
结论。

　　大多数谈话从一开始就被破坏了。相当一部分人觉得，
成功的讨论就是首先驳斥对方说的话，哪怕还没理解对方在
说啥。

　　学会去说："你是说……""你想表达的是……""让我用
自己的话试试重述你的想法，要不然我理解不清楚。"察觉对
方的感受，说出对方的感受，找到他们的恐惧里藏的是什么，
但别通过说出他们的意图来羞辱他们。没有什么比明知别人
对一件事情愿缄默，还像一个打开的水龙头一样滔滔不绝更令
人不快的了。"我知道你的意思，亲爱的，只不过你不敢说出
来。"这句话都可以构成杀人原因了。你如此关心自己的权利，
为什么会觉得其他人不这样呢？这可真够蠢的。

　　有些人主张夸夸其谈式的说服方式，试图用滔滔不绝引人
情绪上头，仿佛光是倾听就能让别人产生兴奋感，这想法当然
大错特错。一个死脑筋怎能唤醒任何人的热情？只有你自己也
充满热忱，才可能激发他人的热忱，让你燃烧的事才能令他人
燃烧。我们努力令自己的生命发光发热，才能确保得到别人的
回应。永远别试图操弄别人的热情，顺其自然，释放你自己的
热情，倘若自己燃烧得足够光明，就能够带动别人内心的火。

　　当我爸爸想要说服他人时，他总是会跟他们讲，他自己是
如何被说服的。他没给对方施加压力，只是给对方解释，这个

观点为什么对自己如此重要。而且，我回忆所及，他这招简直战无不胜，连跟家人都是如此。

许多畅销类书籍作者都谈过吸引他人注意力的艺术，大多是胡说八道。你无法掌握任何人的注意力。你得先找到别人的注意力在哪里，先把自己的兴趣代入他的注意点，才可以把你希望他关注的事放进他的视线中。就好像你想要钱，如果我能向你证明，那些你视为必需的义务带来的花费其实完全没必要，还毫不违背良心，那我不需要什么高超的销售技巧，也能博取你的注意。

无论如何，不要强迫他人交出选择权，也别期待肤浅地迎合对方的自负来掌握别人的注意力。**志趣相投的诱惑，远比满足别人的骄傲，更能吸引别人。**

"

和他人共享你的利益，

你才能留住利益。

案例 25　公司陷入危机

几乎每家公司，都可以见到这种典型的办公室场景。

时间：

选举年，11 月

角色：

约翰·斯坦迪什，斯坦迪什器械公司总裁

杰克·斯坦迪什，约翰·斯坦迪什的儿子，公司副总裁

福特，公司财务主管

霍尔登，人事经理兼店长

比特曼，侦探

约翰·斯坦迪什站在办公室窗前。帝国大厦高耸入云。夜灯如昼，但这个制造商的内心风雨如晦。生意问题令他无心观赏美景，流光溢彩的暮色也变成了漆黑的暗夜。

他的员工已经罢工好几周了。在大规模罢工爆发之前很久，事情就已陆续浮出水面，如果这种情况继续下去，公司就要破产了。再加上对手公司可没被罢工拖累，他们趁机发起了对斯坦迪什产品的挑战。

推销员无力应对对手公司的手段，甚至如期交货也不能保障。约翰·斯坦迪什回到他的办公桌前，又憔悴又疲惫。他在等着情况报告。街上的报童大声喊着选举的消息，多听一句，他的脸色就灰白一分。他确信，那些人受到政治趋势鼓舞，更加不会让步，不到公司破产不会罢手的。

有人敲门，福特进来了，比特曼跟在他身后。俩人都很严

肃，然而比特曼的眼中闪过一丝骄傲的神情。

"怎么样？"斯坦迪什紧张地抬头，"有什么新闻吗，你们发现了什么？"

"让比特曼告诉你吧。"福特疲倦地嘟囔着。

"比特曼？为什么，怎么——"斯坦迪什向前倾倾身子。

"整个情况我们都了解了，先生，"比特曼回答，"麻烦是从去年六月就开始的，你的竞争对手，史密斯器械公司，他们察觉到了劳工形势的趋势，刚完成任命就马上召开了董事会，觉得市场对于两家互相竞争的公司来说太紧张了，这样谁都活不下去，所以决定把你从竞争中踢出去。于是他们转而生产更便宜的产品，外观看起来一样好，但可以低价出售，还给经销商回扣——他们知道你不会给——又给干了一年以上的销售员更高的提成。"

"和我猜得差不多。"斯坦迪什怒目圆睁。

"你知道在他们厂里，车间工头怎么管理工时和工资的吗？"

"呃，兴许——兴许——"斯坦迪什模糊应声，商业头脑被怀疑让他自尊受伤，"你是说他们给的工资更高？"

"不是——有这种新闻你肯定会知道的。史密斯公司的每个工头都在盯着，确保公司今年不会出事，他们这么做是因为——好吧——如果您这边先玩儿完，他们不至于有什么损失。我猜他们当中很多人都清楚这里将要发生什么。"

"将要发生什么？你是什么意思？"

"意思是，施瓦茨、欧斯比、班布沙，还有办公委员会成员，他们都是史密斯公司的人，现在还收着他们的钱。他们被派到这里来组织罢工，是为了让你关门大吉。这种诡计就是一次商业竞争。"

"天哪，你能证明吗？"斯坦迪什脸色发紫。

"能，先生。我们掌握了所有证据。"

"你是说，他们利用劳工骚动达到目的？"

"他们倒是这样想的，"比特曼轻蔑地笑着，"但是等你走完破产手续之后，下一个就轮到他们了。"

杰克·斯坦迪什和霍尔登走了进来。一丝近乎不满的神情从老斯坦迪什脸上掠过，他问儿子："这事你听说了？"

"是啊，爸爸，几小时前。你记得我跟你说过的。"

"我真不敢信，"斯坦迪什喃喃地说，"我自己的人。"

"爸，理论上，自己人就是敌人 —— 事实上也是。"

"我可不想听你的什么理论。"

"啊，你是不想听，但你现在必须听 —— 现在。"

"这种话我一点儿也不想听。"

"那我建议你在被别人摁在地上前，早早放弃算了。现在只有一个方法能赢。"

"什么方法？"福特问道。可怜的财务主管，眼里充满恐惧和愤怒，但他还是尽力表现得就像之前那个拒绝警告的男人。

"聪明的自私，"年轻人神采奕奕地说道，"奥托·卡恩去世前说过，保留十分之一的财产也好过一无所有。他这样向我解释聪明的自私：看清周遭发生的事，遇上不得不面对的局面，就调整方法以自保。他提醒我，**随着时代变化，我们没拒绝对制造方式进行革新，但许多人却拒绝改变雇佣方式。这就是我们陷入困境的原因**。"

杰克的父亲噌地站起来："我早提醒过你——"

"等一下，"福特打断了他的话，"现在怪你儿子也没什么好处。我们自己人不能吵架。你认为是什么引起了这次罢工，杰克？"

"问霍尔登，他管着这些人。"

"那，霍尔登你怎么看呢？"

"因为他们心里也有委屈。"这位主管回答。

"你竟敢这么说？"老斯坦迪什喊出来，"你这个叛徒——"

"算了，算了，约翰。"福特把他的上级按回椅子里，"霍尔登可是全心全意向着我们，这你知道的。你觉得他们会妥协吗，霍尔登？"

"到死都不可能。"

"那我们就完蛋了，"福特呻吟道。

"如果我能让你和我爸用一些常识，用这个时代，而非你们祖父那个年代的想法去思考，我们就还没玩儿完。"年轻的斯坦迪什站了起来，"你们总得面对两个事实：一个是史密斯的人就是在对我们玩手段，另一个是这些人确实在组织罢工。腹背受敌，两边同时应战，你就输了。你只有赢得员工的合作才能打败你的敌人。你轻视了那些顽固分子，所以他们就出卖了你。你得赢得他们的忠诚。"

比特曼一直坐着倾听所有讨论，但听到这位公司的年轻成员讲话时，他脸上轻蔑的冷笑消失了。他听得全神贯注。福特捕捉到了他的面部反应。

"你信这个吗，比特曼？"他问道。

"没什么比这更正确了，大势如此。你没法在腹背受敌中取胜。"

"我早跟您这么说过了。"霍尔登平静地补充。

"那你打算怎么做？"福特紧接着问。

"不只是生产线现代化，其他的也必须重组。"杰克·斯坦迪什喊道，"就像其他几家公司一样重组。让那些人进来。让他们在公司事务中有发言权。把合作的方式引进来。他们装作有新技术、新理念，而我们可以诚实地用真正的技术打败史密斯公司这帮坏种。到时候就轮到他们了，而我们会跟我们打广告宣传产品时说的一样强大。把改进生产过程的一半效率用于改进劳动方式，那什么也阻止不了我们。"

斯坦迪什器械公司如何直面挑战，改变自己以适应时代要求，这个充满戏剧性的故事我知道很多人想看，但对我们来说，比起生意复兴的细节，促使他们做出决定的原则更重要。杰克·斯坦迪什努力让他父亲明白，最主要的不一定是改变劳工的态度，也不一定是年轻一代在处理经济和社会问题上的激进思维，而是一个生活原则，这种原则在处理任何一次危机时都很重要。

"聪明的自私，"奥托·卡恩这么称呼，而我刚好明白这位睿智银行家的意思，就在他离开这喧嚣红尘之前几周，他向我阐释了他的想法。卡恩可不是一位革命家。他坦白地说，他只对维护资本主义力量感兴趣——他一生从事银行业，早就内化于心了。

这不过是因为，卡恩是个务实的思想家，他知道做出调整的意义。他知道有时要用输的代价才能赢，或者换句话说：如果你不先输，后面就不会赢。面对斯坦迪什公司正在处理的这种危机时，这种"积极不抵抗"就是最佳策略。

　　毕竟，杰克只不过是在要求尊重人性基本法则里的务实定律而已。公司里的人在为不妥协、为更好的工作环境而斗争。人可以为了这一目的抗争数年。除非我们能真正意识到人生而自由，并且会为维护自由奋斗不息，否则这种抗争永远不会停止。除非我们学会放弃自我满足，关注共同福利，进行明智的合作，否则我们在突破类似的困境上不会有任何进展。

　　杰克解决问题的精髓简而言之为：

解决问题 6 要点

1. 公平竞争并非道德问题，而是智力问题。

2. 成功的关键，有时在于做个好的失败者，否则世界不会站在你这边。

3. 团队可不接受"与人斗其乐无穷"，除非你本身是为了团队好。

4. 和他人共享你的利益，你才能留住利益。

5. 给予别人——所有与你打交道的人自由，如此，你也会获得相同的自由。

6. 遇事不决，问问你的对手的想法，了解他这时候最想怎么做。

> 你竟指望用爱，而不是智慧来解开谜题。

案例 26　爱不是万能的

伯特一生都处于困境之中：一个接一个，层出不穷。他似乎不该遇到这样的事：他既不贪婪，也不刻薄，当别人有事找他，他也不会抱怨不停。他也不是那种神经兮兮，因为情绪敏感而令别人遭罪的类型。然而他始终麻烦缠身。"善有善报"这个哲理，在他身上完全行不通。

可悲的是，在生活中处理问题，伯特无一不面临失败。这种生活问题关系着两个方面：爱和智慧。你可能慷慨大度、和蔼可亲、善于合作、认真又勇敢，但如果毫无技巧，仍会招致失败——彻底的失败。

光有爱是不够的，还需要它的伴侣：智慧。或迟或早，或现在或将来，无知总会付出代价。爱里若不伴随着理解，终究也是行不通的。

许多好心人终其一生都相信爱是万能的，这真可怜。不幸的是，还没人及时告诉他们，倘若没有警觉的智慧来保护和引导，那么，善良只会被这个世界利用、禁锢和奴役。力量可是智慧之子。

某日下午，我和伯特先生坐在一起，我仔细分析了他失败的原因，他喊出来："以前为什么没人告诉我这些？"

"因为只要顾虑人类的行为，这个世界总有点儿故作多愁善感。它依旧饱受过时的思想制约，不让生命摆脱道德领域并回归现实。当我们仅仅心怀良善试图做好事，尤其是为所有人做时，我们就将智慧搁在了一边，因此，我们难免让自己受委屈。应用魔法公式，或遵循生命法则，一个人就必须思考，必须决断。倘若被多愁善感蒙蔽双眼，我们就会失败。

　　"让我们花几分钟，看看你的想法有多愚蠢，你竟指望用爱，而不是智慧来解开谜题。看看你遇到麻烦时的行为举动，你会发现以下错误：

　　"就因为害怕别人说什么，害怕他人觉得你自私，你就让别人打扰你，分散你的注意力。

　　"你承接别人的情感和情绪，让他们的困难搅扰你 —— 让无私的同情以邪恶的形式呈现。

　　"你用充满歧视和道德偏见的眼光看待周遭环境，而这使你再也看不清它们的本质 —— 而这都是因为你不敢做自己。

　　"由于心怀愧疚，你用过去的种种失败蒙蔽现在的困境，让你以一种幼稚的视角看待当下的问题，认为这都是对你的罪孽的惩罚。

　　"面对麻烦，你听任自己情绪激动，让自己无法思考，你暗暗觉得自己自私，过度惩罚自己，扭曲了自己的理性。

　　"对事物和道德戒律做判断时，你只有古板僵化的观点，你让这些老一套想法替代了你的判断，把自己不正常的情绪附加到简单直白的事实上。

　　"你觉得自己该表现完美，所以就假装自己适应了环境，开始过度表演，然后理想突然破灭，开始愤世嫉俗，怀疑一切，甚至自我怀疑。这就是为什么你总想证明自己正确，你无法再保有客观视角和超然态度，变得自我意识过剩，神经兮兮的。

　　"如果你相信智慧在爱里至关重要，相信个人发展也和无私一样重要，你就会保持头脑清醒，好好运用你的智慧。当发现自己面临困难，你会仔细思考问题的实质与表现，直至能够看清它们，而后追踪自己所能观察到的迹象，将内在与外在事实、因与果联系起来，试着观察主观价值取向、事物发展的趋势、意向和线索，统筹观察抽象和具体方面。

"最后，你可以收集并整理过往记忆里的材料，让每一次新事物都能与过往经验结合。由此，你可以通过将主要事实简化为概念，将这些记忆图景变为有力工具，然后试着找出每件事背后的动机，即为'变量中的常量'。"

现在，你可以将此称为导向有序描述和聪明思维的科学方式，但如果你愿意掌握，这其实很简单，当然，我当时不过希望伯特先生就像做药剂师一样，在面对个人问题时运用这种思考方式，因为他身处的现实世界和实验室一样，深受规律和原则影响。倘若混合错误的化学药剂，就会发生爆炸，产生毒素。如果错误地跟人打交道，你也会引起轩然大波，搞得一团糟。

大自然的规律不容违抗。倘若我们有爱但无知，我们就会受到来自她的伤害，恰如我们充满恨但愚蠢。无论何时，我们犯错就会饱受折磨。没人因为动机良好就会被生命放过。不经思考地顺从人制定的教条，可无法拯救我们。唯一的出路是顺服——顺服于生命法则。

"

要有勇气，在麻烦刚敲门时就拒之门外。

案例 27　摆脱困境

麻烦降临到我们身上，总是一步一步来的：当沃森屈服于太太的要求，让她弟弟弗兰克进入自己的公司，这看上去不过是一件简单的事。当他们让格蕾丝的妈妈搬来同住时，他也没料到，这是何等要命的错误。无论如何，这好像是天经地义的。当他小舅子也搬进来的时候，沃森想，很少有人会拒绝一个母亲想要和自己儿子住在一起的要求。

在我们浑然不觉时，一些和我们有关的事情，就通过千百种神不知鬼不觉的方式酝酿成型，最终落在我们身上。从沃森第一次无法拒绝格蕾丝的请求，到背负越来越大的重担，被放在无可休憩的处境，最终让他任由那个暴躁的女人毁了他的婚姻之间，这些事可没有一个显而易见的分割线。

无论到哪儿，他的压力都大得无法忍受。而格蕾丝的态度却没有丝毫改变。沃森承担的重担逐日增加，她对他的爱却逐日减少，因为他为她的亲戚做得越多，能为她做的就越少。

你有没有注意到这个神奇的矛盾：为其他人毫不顾惜地燃烧自己的人，却会失去他们为之牺牲的人的爱。这可不仅是一桩事实，也是法则的体现。**我们是因为做自己才会被爱。倘若我们因对方施加给我们的重担而失去自我，他们会无意识地责怪我们失去魅力，尽管这重担是他们给的。**

然而，我们很少在局面尚在发展时就为之忧虑。我们在那时还未意识到问题的严重性。当我们意识到时，危机已经淹没了我们。而想要摆脱它们，就得改变自己的人生哲学，改变那套导致我们陷入此等危机的人生哲学。

　　沃森该怎么做，才能使自己摆脱困境，又不至于招致岳母的仇恨，小舅子的敌视，还不至于让他妻子为让他痛苦、惩罚他而争吵呢？如果他仍然敏感，就跟大多数人一样病态又充满恐惧，那他要修正这个大问题，会不会充满负罪感，直至被懊悔折磨到郁郁而终？

　　除了断绝关系这种恩断义绝的激烈做法，面对这种情况，还有成千上万件与之类似的不公平的恶事时，还有什么办法呢？我们为这些烦心事痛苦时，难道我们不能打心底放弃对这种老一套思想的迷信，从此再也不为别人的事闹心吗？

　　只有看清那些爱管闲事的人的无知，发现他们品德的缺陷，我们才会获得自由。麻烦找上我们，是因为我们听任它们找上我们，是因为我们无法遵循自然法则。那些任何情况下都不会自我妥协的人，在事情慢慢脱轨，与生活的关系已逐渐失控时会迅速察觉。他的拒绝不是出于骄傲或自满，他敢于反抗，敢于解决麻烦，确信自己的行为最终对所有人都有益处，一旦自我妥协，最终也会不可避免地导致他人妥协。

　　几个世纪以来，我们一直只拥有一套可行的思维体系。在遁入无趣的精神世界，或者做野蛮的征服者之间，似乎没有可行的中庸之道：要么表现得像教堂彩色玻璃上画的圣人，要么就做个暴君。

　　这种思想剥夺我们的智慧，让我们变得分裂，甚至比这更糟，我们大半的内在力量根本都已被束缚。弗洛伊德和他的门徒们发表过很多关于无意识的论著，事实上，这种思想甚至可以视为压迫，它通过传统和无知的教义给我们塞满压力，让我们满心都是愧疚。

在我们的社会里，无数人正因智力上提高了而情感上被拖了后腿而变得疯狂。他们意识不到，这种腐败堕落足可以追溯到法利赛人膜拜金牛犊那时候。

他们也不能明白，在受虐殉道的所谓良善中鲜有美德。我们不必把彼此，把孩子、母亲、兄弟的责任都背在身上，让我们的朋友和家人，用自己的知识和能力过好自己的生活，我们的压力也能减轻大半。

生活远比任何人所见得更宏远，比任何人所想得更深刻。洞察奥秘十分紧要，而洞察力需立足现实。生命要求我们与现实密切连接。接触生活的目的，可不是让我们承受悲伤，更不是为了让我们压抑自我，经验是为了让我们保持警觉，让事情能够否极泰来。

有鉴于此，**面对麻烦事时，有七个重要的规则：**

麻烦的 7 个重要规则

1. 不要试图做任何预计无法完成的事。

2. 不以眼下情况，而以发展趋势衡量局面。

3. 记住，麻烦总是安安静静、无声无息、难以预料地持续发展的。

4. 要以智慧洞见局面可能会恶化到让自己难以承受。

5．要有勇气，在麻烦刚敲门时就拒之门外。

6．当伴侣跟你说，"这事没什么大不了"时，别相信他。事情可能且通常总是变得非常"大不了"。

7．当你已于处境中泥足深陷，要有勇气摆脱出来——立刻就做。倘若放任自流，它会越来越糟，你根本难以忍受。

任何事、任何人都有自己的饱和点——说的就是你。总有一天，对那些让你愤怒的人和事，无论他们是谁，是什么事——妻子、姐妹、兄弟、父亲、丈夫、合伙人、老板、时间、邻里、工作、拥挤的人群抑或吵闹的客人，都没区别——你根本再也无法忍受了。只要他们制造的烦躁程度超过了你的承受能力，总有一天你会崩溃，让事情彻底一团稀烂。如果这样的情况是不可避免的，最好趁现在就改变，搬进来，搬出去，放弃关系，请一些亲戚离开，或在爆发前自己离开，这不是更好吗？

这些事会毁了你，除非你能自行调适，让"紧要关头"①为你服务。失败就是因为脑子犯懒。而生活的艺术一半都在于机敏。生活不乏机遇，充满了各式各样的小机会。几小时固然可贵，甚至几秒钟都很重要，当我们能将种种小机会汇聚起来，便能带来显著而重大的变化。倘若一个人能像将军指挥战场一

① Psychological moment，是指"紧要关头"，达到预期效果的最佳时刻。——译者注

样，把握好"紧要关头"，那他就算掌握了主动权。

如果由于道德约束，你不敢坚决地处理好自己的困难，那么无疑，你是习惯了让别人审判你的错误。**如果你害怕背离母亲的意愿，就不敢娶自己爱的女人，那你很容易找到无数绝望的悲观主义者，由着他们告诉你，你的牺牲多么崇高。**

假如你为了这么一个低于自我实现的目标，就否定了你自己，那你就是在犯罪。假设耶稣否认自己教导和医治的能力，满足家人让他建新房子的愿望，这种无私根本就是邪恶，一种千百万人提倡和赞扬的邪恶。

倘若你也忍受着沃森这样的处境，那么你也有罪；但倘若你以赤诚之心决意从中摆脱，那就不是犯罪。常见的自我牺牲最糟糕的一面在于，它对自我不诚实。它散发着心灵上的恶臭，那腐朽的自大散发的骇人气味。

忽视自我就是自杀行为，是毁灭一个人本性的第一步。在生命结束前，通常先是心灵的自我毁灭。"耐心承受苦难"这种教条总在某处邪恶地发酵着，最终被杀死的身体无非牺牲的最后一道仪式。

> 其实指责你的人才该被指责。
>
> 他的指责就像在暴露自己内心的阴暗。

案例 28　如何面对流言蜚语

谣言是突显美德的工具，因为在谣言中美德很受重视。流言蜚语是道德发挥余威的武器，是人们被绑在火刑柱上遭罪的日子的残余。如果你怕它，那可没有什么话语比这更可怕了；倘若你意识到它不过是纸老虎，那每个词都是那么软弱无力。

然而，除非一个人选择顺应本性，并以科学作为自己生活方式的指引，否则，什么建议也不能帮他处理好流言蜚语的问题。

生活中，你也会遇上方方面面的麻烦，譬如说相信与自身立场相悖的政见——你属于资产联盟，却为了劳动者权益辩护；你是美国革命女儿会（D.A.R.）成员，却主张和平；你生活在宗教激进主义者圈子里，连你的父亲也是其中一员，但你不是。只要批评者的声音对你来说有那么点儿意义，这事就没有解决办法。你所经历的每一件事都在考验你的信念。

内心的自由才是唯一的自由。无论外界怎么看你，都不为所动，这是唯一保护自己的方式。处理任何麻烦的首要原则都是保持独立，不仅对事件后果保持超脱态度，也对社会评价置身事外。做不到这一点，那什么建议都没用，你只能盲目接受群体的意愿。

摆脱这种困境，关键在于消除自身信念中针对何为正直的矛盾，如果你遵循你的信念，在你对真理的标准上竭尽所能，没有人有权责怪你。要做到诚实和获得快乐，别无他法。

玛蒂尔达就住在这么个社区，人人喜欢说三道四。她倒是很少为此困扰。说三道四有什么用？至少没让她多难受。当人们发现没产生预期的结果，也就不会说了。事实上，给玛蒂尔达这样的女强人造谣，简直就是在小瞧她，她根本不介意。

如果你想摆脱流言蜚语的困扰，你就得对那些爱说三道四的人有自己的判断。你就可以对他们一笑而过，就像对枯树上的一只秃鹫一样。对那些心智不坚，不敢去打破老一套规矩的人，看到他们如此痛苦地适应社会要求——那些根本不重要的要求，而从未做成人生真正重要的事，你还会报以同情。适应一些不重要的规条成了他们的信念：必须穿合适的衣服去教堂，而信仰本身反而不那么重要；新娘的婚纱长度一定要得体，爱不爱自己要嫁的男人反而要靠后。

他们倾向于关注虚像而非事实，接受世俗文化的伪装，以为这就是生活。当所谓的文明成为一种信条标准时，他们决定模仿这种价值观，他们用圆滑世故来代替真正明智的判断。

你会看到，爱审判别人的人往往内心狡猾。你会发现，那些改革家采取行动颠覆世界，是因为他们自己更需要帮助。当一个人受邪恶驱使，他更容易挑别人的错处。也正因如此，其实指责你的人才该被指责。他的指责就像在暴露自己内心的阴暗。人的心越滴着毒水，就越去谴责自己过往的同伴。

恶意的源头，同样来自我们自己的记忆，年轻时糟蹋过少女的男人，会更害怕他的女儿被侵犯。年轻时有自慰习惯的人也害怕儿子手淫。**指责就像地标，指向被隐藏的罪恶感。**只有犯过错的人，才会喋喋不休地告诉你该做什么。而在看清隐藏在所谓的义务背后的真相之前，体面人会选择静默。

爱嚼舌根子的人最喜欢的诡计，就是把你提出的所有解决

之道都说成"危险的、极端的、不道德的"，朱丽叶爱罗密欧是"危险的"，前国王爱德华关心穷人的福利是"极端的"。而他爱辛普森夫人简直是"不道德的"，他们会这么说，是因为所有懦夫和强盗都害怕诚实的爱和坦白的勇气。

小人希望你不幸。当你快乐、有能力又自由自在，他们就会感到恼火。他们更想看到命运惩罚你。你的自我承受煎熬，他们的自我就欢欣鼓舞。当你信了他们幼稚的意见，听着听着就毁掉了自己的生活。

你是否注意到过，伪君子是多么喜欢披上道德的外衣？他们熟知所有多愁善感的陷阱和花言巧语的网罗。无论在教堂里还是出了教堂，我还没见过哪个鬼鬼祟祟的小偷不说自己是个道德标兵。

对于良善之辈而言，爱挑毛病的人身上那副自我牺牲的伪装是如此明显，看到这一点就足以令人警惕。人们会仅凭物以类聚就对你下判断，仅仅因为你身边都是爱看情色片的人，他们就觉得你也满心色欲。

如果你也跟宗教法庭上那些曲解教义的人一样，轻易接受扭曲的道德教化，那你也能接受精神病院里那些病人。脑子里有这种妄念，你就无法真正解决问题，也逃不开谣言的纷纷扰扰。

人们总是呼吁你该接受当时当地的道德观，思想上从众的人，总是不假思索地相信这一点，然后美化自己的妥协，把它视为"必要的"。而作为一个正直的人，你不能毫不反抗地屈服于外在价值观。例如，一个女孩，她的父亲想让她嫁给她不喜欢的人，倘若她心存对爱情的向往，行为上却过于顺从，那她的人生很可能就毁了。那些提倡遵守所处的社会的道德标准的人，会劝说这个女孩随波逐流，接受现实，放弃梦想，避免麻烦。

而我们知道，这种无法适应是社会的错误，而非人的错误，我们会建议她反抗周遭社会的要求，同时，我们也会劝她原谅父亲——他只是无知地遵循了传统。她可能会不得不逃离家园，抛弃所谓的责任——社会强加给她的责任，并为此感到悲伤，但她的这个决定不会毁了她的人生。

征服者总是喜欢追求自我满足，而放弃者甘愿做环境的奴隶。只有将注意力集中在问题上，不受环境干扰，才能有效处理问题。把迷信放进我们的思想里，就会招致失败。主宰我们生活的，是思想高度而非运气。

倘若能力意味着看清愚蠢、无视禁忌，那能力确实很重要。**我认为获胜的智慧属于那些不害怕"做自己"的后果的人**。只有不含恐惧的智慧才可获胜——不含恐惧地做自己。正如《哈姆雷特》中，波洛涅斯给雷欧提斯上的重要一课："你必须对你自己忠实，正像有了白昼才有黑夜一样，对自己忠实，才不会对别人欺诈。"

没有任何情况要我们必须妥协，只是我们自己误以为如此。敢于蔑视对你的本性的扭曲，蔑视对正常成长的束缚，我们就会解决问题。

"

　　我们的祖先将女人置于家庭和生儿育女
的牢笼中，
　　希望她一生都能为此服务。

案例 29　婚姻难题

　　秋高气爽，正是凯特最喜欢的日子。这样特别的下午，金黄色的树叶在她身边飘过，她却没心情给予一顾。她走得飞快，思绪飞转，她想尽快和芭芭拉谈一下，她真的需要找个人聊聊。她丈夫彼得的神经粗如钢缆，永远只能看见事情的表象。对他来说，眼泪除了是眼泪本身，什么也说明不了。

　　凯特的婚姻危机降临得突如其来。一直以来，她都适应着丈夫的不成熟，习惯他的粗心大意，习惯他过性生活时的笨手笨脚。他们度蜜月时，那点儿小浪漫就结束了。她也能应付他对海伦和玛丽的忽视，哪能期待当爸爸的理解两个古怪而敏感的女儿啊。

　　让她接受不了的是孤独。她回忆起她的少女时期，那时候充满了音乐和有趣的对话，日子被戏剧和美好的事物填满，有好剧可看，有可以和人讨论的书。而现在，彼得笑她"曲高和寡"，每当她想跟他聊聊，他就打开收音机听爵士乐。

　　芭芭拉家里的欢乐气氛稍微治愈了她，她不想用她的悲伤故事破坏这个愉快的下午，但她还来不及意识到这一点，就已将自己的遭遇脱口而出。

　　"我再也受不了了。"她的叙述以此结尾。

　　芭芭拉听着，不时插一两句同情的话语，然后她说：

　　"当然，这对我来说不是新闻，亲爱的凯特。吉姆和我讨论过这事，但我们没和任何人提起过，人们总能感觉到朋友的婚姻情况——大多数时候，有时还知道原因。我确信你说的都是真的。彼得是真的不成熟，也只有一些流于表面的爱好。他的生意完全占据了他的脑子。当他回家时，除了想被逗乐，什么也做不了。"

"但他选的方式可真蠢啊，"凯特忍不住接话，"我连他一半的注意力也分不到，他一点不了解家庭预算，却抱怨家庭开销。我一提出困难，他就觉得我在抱怨。"

"然后你们争吵一番，他就跑到外面过夜，诸如此类的，我猜？"芭芭拉问道。

凯特沉默地点了点头："我——我还以为他在外面有女人，但看着又不像。"

"但是真的，亲爱的，总要有一个女人在那儿。"芭芭拉慢慢地回答。

然后，看到她朋友眼中的痛苦，她补充道："这种情况下，倒不是真的有一个外面的女人。你有你想嫁的白马王子，理解你内心的那种，真正的理解。彼得也有他心中的理想妻子。他娶了一个与他心目中的完美伴侣截然不同的人。现在，他已经不想拯救这段婚姻了。他在走过场，扮演一个麻木的丈夫。"

"但是芭芭拉，他总是希望我有跟他一样的思考和感受。他从来不考虑我怎么想。"

"他需要考虑吗，凯特？"

"他不该考虑吗？婚姻不就是这样的吗？"

"不，不是。我的意思是，你似乎一直通过放弃跟你丈夫不一样的兴趣爱好，来把一家子绑在一块儿。你在试着依他的方式自我改造。你牺牲了你的音乐，牺牲了你对好剧的爱好和你文学上的朋友。"

"但我不该这么做吗？彼得觉得这些都很无聊。如果我不这么做，是不是太自私了？"

"但是，看看结果吧，你也变得无聊了，而且，最糟糕的是，彼得也觉得你无聊。他过去很崇拜你，有时还费尽心思取悦你，他觉得你很有魅力。现在，他无动于衷了。他现在还没有其他女人——除了脑子里想想，但如果你继续枯萎下去的话，他肯定会有的。这样的自我贬抑绝对救不了一段婚姻，只会毁了它。"

"你的意思是，我该做我喜欢做的事？"

"你和彼得订婚时，你不就是这样的吗？"

"那当然了。"

"他那时不爱你吗？"

"他很崇拜我。"

"那这就是你的答案了。别再试着把自己塞进你想的那个'理想妻子'的模具里了。你得成为我们那个充满活力、热爱生活的凯特，就跟你之前一样。然后看看会发生什么。彼得不像你想得那么不可救药，那么无聊，他其实可以很有趣的，只要他自己愿意。"

凯特突然抬头，目光仔细在她朋友脸上逡巡："他和你聊过了，芭芭拉？"她问道。

"男人愿意跟每一个乐于倾听的女人说话。你试试做回以前的凯特，看看他会做什么。"

一个月后，彼得孩子似的跳下每天通勤的列车。他可能不知道为什么，但最近的生活似乎变得有趣了，他强烈抗议了凯特最近的业余活动，然后他们的话题就一直绕不开这个，一切都围绕着凯特本人。她有些不一样了，该说哪里不一样呢？她看起来又像以前的她了，那个他在大学时代崇拜的女孩。她的脸颊泛起自然的飞红，眼睛里散发着光芒，仿佛内心藏着绝妙的秘密，最重要的是，她的幽默感回来了——那种极为大胆的机智，像只调皮的鹦鹉一样说着俏皮话。肯定有什么事发生了。

几个星期后，凯特又来看芭芭拉。

"我亲爱的，"她喊道，"你在哪儿学会这种婚姻智慧的，社工工作中吗？如果这样，我建议所有的妻子都去做一做社工。按你说的，这可能只是心理学，但对我来说简直就是点石成金。你说一个人自身的幸福是亲密关系成功的秘诀，我现在明白你的意思了。如果我愚蠢地妥协，把自己弄得灵魂干涸，我也不能拥有快乐。而除非我有快乐可以给出去，不然怎么能让伴侣快乐呢？不，我亲爱的，我受够了在家里做一个尽职尽责的奴隶，像个病恹恹的洗碗女佣一样干活儿，然后等待主人回来——现在我有时在家，有时不在，但只要我在那儿，我就是一个活生生的女人，而不是个死气沉沉的妻子，当然我也不是撒手不干，我做了更多他喜欢的事情，因为我自己从中也能得到满足。"

当我们在婚姻中拒绝任何自我妥协，也明智地避免自己对配偶的控制欲，关系才和谐。在关系里，面对我们共同经历的失败，我们必须从中学会温柔地理解，但这不意味着我们要压抑自己的个性。比起任何其他关系，婚姻更加需要合作，是最需要体现互助精神的地方。想要婚姻幸福，不可能不经考虑地忽视对方，只顾自己满足。你说话做事不能随心所欲。你也不能缩进自己的世界里，暗暗发酵你的愤怒。你的所作所为，必须是为了双方的利益。

在这种情况里，有一个原则，凯特并不了解。我们的性格里面，自有自己的节奏，每个人的节奏不同，就像日与夜一般明确，无法找到自己的节奏会令人深感痛苦。不管你有多爱你所爱的人，你都不能一直关注对方。不管你的工作如何吸引你，你也不能只专注于工作，在欲望与理性之间，我们要不断地寻找平衡。

这种平衡交替，既出于生理节律，也是心理的需求。它对于女人的影响，正如对男人一样明显。有人认为"爱情对男人是身外之物，却是女人的全部"，这完全是胡说八道。当女人像男人一样，不断追求自身发展的乐趣时，她对爱情一样可以置身事外。我们的祖先将女人置于家庭和生儿育女的牢笼中，希望她一生都能为此服务。在这种折磨下，女人的精神病态地枯萎了。社会的限制迫使她们更容易被奴役，让她们变得毫无生气、拘谨死板。

想要得到现代女性的热情回应，男人必须接受这样一个事实，就是她自身的生活节奏和他自己的一样重要，她不会因他有了欲望就立刻有兴趣，也不会在他忙的时候就自动消失去做自己的事。她跟他一样，没法保持永恒的奉献。她也会有时想跟你亲近，有时只想离你远点儿。

花点心思研究，找找技巧，就能在这种节奏里找到双方的和谐一致。只要你想，你就能探索出伴侣的节奏，然后让自己适应对方的节奏变化。

如果双方都怀有这样的目标，就能建立起节奏的平衡，建立一种浪漫情感和生命力的和声，将活力灌注在爱情和个人追求里。在婚姻中，自私的艺术表现得最为淋漓尽致，那些追求个人魅力和兴趣爱好的人，会给他们的配偶带来快乐。

当我们能得到亲密关系带来的愉悦，

酒精这种可悲的替代物就失去了意义。

案例 30　不可借酒浇愁

经历数年记者生涯，又当了一段时间旅行社推销员之后，尤金终于打入了广告业。他天生就爱喝酒，但也不至于是个酒鬼。他结婚后，妻子汉丽埃塔的姑姑普莉希拉就搬来和他们同住。姑姑是一个很有主见又天性敏感的女人，夫妻俩为了她搬去了昂贵的郊区小区。不过，你曾在一片刺荨麻丛中，看见一只绒毛稀疏的小狗跑出来吗？尤金是真心喜爱枫叶庄的生活。

他们现在的生活方式，让他没法再跟以前一样去加拿大的森林度假。现在他站在喧闹的市中心，回想着那几个星期沉浸于大自然的美好体验。现在他负担不起了。他梦想着有一天拥有一个牧场，过着世外桃源般的生活，现在这个梦想越来越像镜花水月了。看起来他已被判终身劳役，永无尽头。

无人关注他的需求，甚至他的妻子也不关心。他不是个很好的一家之主吗？汉丽埃塔和普莉希拉都挺满足啊，她们的俱乐部生活是下午打打桥牌，夏天在花园里乘凉，典型的美国人向往的安逸生活。你会想，也许大家都是这样。

我们的故事场景始于一家律师事务所。汉丽埃塔去拜访约翰·克雷格律师，让他处理自己分居的事。她觉得过不下去了。她希望尤金把枫叶庄的房子留给她，否则她就带着孩子去佛罗里达。如果他把一半收入给她，再给普莉希拉姑姑一笔钱，她的日子就能过下去了。你看，这种情况很典型，没人会想到一个像汉丽埃塔这样受过良好教养、性情敏感的女人会跟着一个酒鬼。不，不，当然不能。

在这时，故事忽然出现了令人惊讶的反转。约翰·克雷格并没有只从汉丽埃塔的视角看问题。他仔细询问了汉丽埃塔，发现她表面上想要枫叶庄的房子，想要替姑姑安排生活，而实际上，她内心藏着一个女人真实的想法。她仍爱着尤金。

约翰想要尽可能地挽救这段婚姻。为了做到这一点，他必须让汉丽埃塔面对现实，好好看看他们的生活，这种生活对尤金来说意味着什么。他需要让普莉希拉离开这个家，她跟一只病蜗牛一样寄居在这里，不只这样，作为一个有经验的过来人，约翰察觉到了整件事的核心：汉丽埃塔变得太冷淡了，她就是所谓的"性无能"的受害者，对亲密关系无法提起兴致。对于总被客人、俱乐部、孩子、邻居、购物和成千上万被认为"必须"的事情分散注意力的人来说，这倒是很常见。

约翰让汉丽埃塔明白，尤金喝酒，不仅仅为了逃避无聊，也是他性生活不和谐的一种慰藉。他问她，她对尤金在工作中的巨大压力做何感想，她是否知道，她利用了他，只当他是个供养者，来成就自己乐善好施的母性光辉形象？

约翰跟她表明，**没有一个花费数年换取事业成功的男人，会在性能力上还表现正常，通常来说，他太累了，也不想主动**。他解释说，数年来尤金不得不压抑自己，唯有通过外放的爱和情欲的刺激，才能让他从自我压抑当中解脱出来。除非她愿意主动，像醉酒那样主动，帮助尤金放松，帮他找回跟她欢好的兴奋与狂喜，否则，这种尝试也只能宣告失败。倘若失败，她必须得承认，是她为自己和家人要求的生活，给了他太多压力，造成他如今的状况。

之后的讨论我们就无须深入了。如果汉丽埃塔仍然跟尤金在一起，她还想像过去那样，坚持让自己跟他的监护人似的，管理他的钱，兑他的支票，控制他的消费，在酒会上像一只护犊小母鸡一样跟着他到处走……事实上，她已经做了太多这样的事情。

想要帮到尤金，汉丽埃塔要帮他找到发泄情感的出口，改变他们的生活方式，搬离枫叶庄，送走普莉希拉姑姑，削减开支，制订未来生活计划，让尤金离梦想更近一些，最重要的是，彻底改变他们的性生活，让自己有更多的回应，这在汉丽埃塔的生命里，可不亚于一次地震。无论如何，她成功地做到了。

"醉酒的欢愉最接近性高潮的狂喜，"约翰以老父亲般的口吻告诉她，"当我们能得到亲密关系带来的愉悦，酒精这种可悲的替代物就失去了意义。"

当然，在某些情况下，当肉体已然对酒精存在依赖，那就该寻求医疗援助。内分泌紊乱可是很严重的。但一般来说，治疗酗酒，从纠正生命里的关系开始。人们通过喝酒满足自己，是为了逃避妥协的生活，也是因为他们不懂，自我放纵永远不会得到回报。自满最终会摧毁所有的满足感，夺走能让我们产生满足感的感官反应。而男男女女，往往忽略这一事实，他们试图寻求慰藉，逃离以下情境：

挑剔的丈夫或妻子；

多管闲事的亲戚；

不幸福的家庭；

性生活不和谐；

索取无度的家人；

父母的控制；

不当的责备；

隐藏的罪恶感；

严重的精神问题；

人际关系或工作关系里的不公；

让人丢脸的情境；

因亲密关系而受伤；

傲慢的同事；

无法解决的问题；

缺乏有益交际；

长期孤独。

上述这些问题或多或少总会发生，光是其中一个，就足以导致一个人想要酗酒。然而，如果当事人和家人都愿意配合，什么情况都可以克服。爱挑剔的配偶得面对自己的习惯，招人烦的亲戚必须搬走。只要下定决心去做，你的家就会一扫坏气氛，只要问题根源得以解决，"酗酒问题"自然会解决。

> 强烈的触觉反应是可以练出来的。
>
> 越去想象自己变得敏感，变得反应强烈，
>
> 你的神经越会配合你。

案例 31　性生活不和谐

男人犯的常见的错误之一就是，觉得妻子没有他们那么强烈的性需求。这一谬论，应该为许多婚姻的破碎负责。男人宣称，不希望因自己的需求显得"自私"，这纯属胡说八道。倘若发生亲密关系只为满足他人需求，其本质就是出卖肉体。

和谐的性关系可不是只满足自己，而是双方共同的体验。个人贪婪地追求色欲，只会破坏真正的快感。另一方面，为所谓的"婚姻义务"而自我妥协，任何这种行为都称得上无比鄙俗。

女人的性天分比男人低这种事，也绝不是事实。事实恰恰相反。然而，女人的天性偏于被动而非主动。只要受到刺激，她们很快便可燃起激情。

你经常听到男人讨论他们的"性生活问题"，好像这事儿无解似的。他们将女人描述为"一个谜"，说女人的行事"古里古怪"，只要他们一日不摆脱这种愚蠢的想法，一日不会获得欢愉。法国人有句很贴切的谚语："没有冷淡的女人，只有无能的男人。"大多数不快乐的丈夫，问题都在自己身上，是他们太蠢了。

人生所有问题里，许多人觉得获得性满足是最难的了，但是，只要拿出同情心和毅力并运用智慧，它其实最容易解决。关于这个主题有许多好书。如果你在这方面有困难，就读读它们吧，不仅读，再研究研究。但如果你把这当成改装一辆车一样的事，干巴巴地运用指导，就别指望会成功。对于挑起女性的性热情，可没有什么打包票的守则或者使用说明。你没法像改进刷牙技巧一样解决这个问题。

事实上，无能丈夫的主要问题，在于他过分随意、粗手笨脚的做法。爱是需要追求的，不断地追求，60岁的人要比16岁的人追求得更多。除了真真正正的温柔，你要甘愿奉献，引起对方的共鸣，这种共鸣需要你关心、关注，且近乎艺术地表达出来，毕竟，并没有什么通往永恒浪漫的坦途。是的，我说了，这近乎是一种艺术。

艺术可不是过度自我关注的。在这件事上，我推荐的书可能还会给你带来失望。如果你尴尬地照本宣科，就肯定会这样的。如果你死板、套路化地应用建议，情况还会变得更糟。你不能把它们当成操作手册来学习，要把它们内化成经验去感受。让自己与它们融为一体，让它们成为无意识里的模式。不要刻意去履行，要主动去接受，直到让它成为一种艺术。

对每一个丈夫而言，最好对几种典型的性困境有更深入的了解，了解它们的原因和治愈之道。例如：

埃弗雷特正透过窗子，目不转睛地盯着他的邻居温尼弗雷德，他在亲密关系里的遭遇，一直以来都恰如这种一厢情愿的渴望。现在，他觉得比起妻子芬妮，他更爱温尼弗雷德，尽管他几乎不认识这个年轻女人。她是幻想的对象——逃避性压抑的出口。

几天后，埃弗雷特来到沃伦医生的办公室，告诉医生自己不舒服：肚子疼，胃不舒服，还睡不着。他说自己的妻子又紧张又易怒，说她就是一个惹事精。医生倾听并表示理解。渐渐地，他的话匣子打开了，甚至连对温尼弗雷德的性幻想也没漏掉。

　　沃伦医生认识温尼弗雷德，她的性压抑程度，至少是他妻子芬妮的十几、二十倍。他意识到，正如有情绪问题的人会被同样有情绪问题的人吸引，性压抑的人会将同样性压抑的人视为幻想对象。他让埃弗雷特直面问题，跟他解释了他为何情愿用一座大理石雕像取代自己的妻子。不仅如此，他还教埃弗雷特挑起情欲的具体步骤，在以此为题的书中，这些技巧都有具体描述。

　　这第二幕剧，开始在凌晨三点。说实话，托马斯和狄奥多拉没有吵架，这不过是他们没完没了的斗嘴中的一场，这种斗嘴，都快替代了他们的性生活。是什么造成此等状况？可能他们自己都会深感意外。他们并不知道，成功的亲密关系必须建立在日常的友好上。没有什么比感情受到伤害更能迅速地让一个女人变得性冷淡，或让一个男人变得性无能。婚姻幸福最大的破坏者是挑剔、唠叨、责备和坏脾气。愤怒就像利刃，能切断配偶之间的情欲羁绊。

　　当然，婚姻问题中很大一部分原因都在于男人，杰拉尔德和霍森斯之间的困难，是因为杰拉尔德没法让他妻子不被家务事烦心。她整个人都被扔在家务、孩子和满足她父亲的需要上。杰拉尔德觉得自己好像是她琐碎家务的附属品，但有什么办法能把她从这里拽出来呢？只要他那种后天培养的保守还在，他能做什么呢？杰拉尔德很害羞。他是由妈妈带大的，成长过程让他觉得性是一件——就不该被提起的事。

　　看别人简单纯粹且坦白地对待性，他都会脸红。但从本质上说，他仍然是爱神厄洛斯的儿子。他也想有毛发浓密的胸膣，用惊人的性能力直抵天堂般的欢愉。

我们整个国家都残存了大量清教徒式的思维。最近，报纸上还登了下面这则新闻：

我们内布拉斯加州的报纸上，不可能出现过"内布拉斯加州的妇女已准备好生儿育女"这种报道。我们内布拉斯加州道德氛围纯洁，这种报道只会被视为不洁。

他们的说法不实：内布拉斯加州可太适合这种报道了。但是谈及道貌岸然，还能有比这更好的例子吗？正如压抑容易引起放纵，满口仁义道德的人更容易惹上不伦关系。浪荡和假正经可是同根同源。

很少有人有机会洞察别人的内心，知道他们内心关于性的真正想法往往与外表截然相反。例如，杰拉尔德那个表面只关心家务的、雕像般的年轻妻子霍森斯，她的内心图景是这样的：她被近乎暴力的性幻想深深困扰。她喜欢幻想自己生在史前时期，在那时人们可以毫无障碍、坦然地表达性爱。她梦想着以母狮般的力量穿过原始森林，展现超出猫科动物的性感，邀请别人提供给她渴望的满足。然而在她日常生活中，言谈举止都拘谨、正经。

假如杰拉尔德能明白这种情况，放下自己和妻子的过分拘谨，坚持、热烈而有技巧地与她步入爱河，她沉迷家务的伪装不就消失了吗？但杰拉尔德不敢如此粗野，他不是个体面人吗？他不该否认自己的欲望吗？

牺牲自带让人冷淡、让人扫兴的氛围。为了逃避现实，避免失望之痛，人们从"肉体"里撤退，成为精神幽灵，住在让热情难以攀缘的高峰。他们站在山顶看待肉体问题，就像看山谷里的农民追逐牲口。

这种抽离感，让女人无法从两性关系里获得任何满足，会使任何一个女人变得性冷淡，太多女人早已习惯抽离真情实感，或许只有充满热情的男人才能打动她们。她们爱的方式像是一种反射——获得微笑，于是对你微笑；获得付出，于是对你付出。如果男性热情足够热烈，这种效仿模式，也可能激起她们的激情。但可别被欺骗了，镜子是没有温度的。

简而言之，倘若在性生活方面你还没受过任何训练，至少这几个方面，是你可以通过技巧书籍学习到的：

性生活 37 条技巧与常识

1. 长时间温柔但热烈的举动，是性爱成功的关键因素。
2. 婚前有自慰行为并不会导致婚姻失败，为此而产生恩蠢的内疚才会。
3. 倘若女性无法获得同等的满足感，她会长期焦虑，甚至会影响健康。
4. 女人完全被动也是不正常的。
5. 酒精会严重摧毁性生活，酗酒会破坏性能力，而草率开始的关系，或关系里存在一直没能解决的问题也同样有害。

6. 暂时或长期性的性无能都有治疗方法，但是你得自己去寻找，发现解决之道。

7. 更亲密的肢体接触能挽救大多数不幸的婚姻。在这一点上，我们能找到许多实际例子。

8. 你无私到彻底抹杀自己的个性，那你的性生活也不够和谐。

9. 要想跟人讨论这种问题，千万别去问守旧的太太们，没人比她们更不适合咨询此类问题了。

10. 别羞辱对方的性能力，除非你想彻底毁了这段关系。遇到这种情况，需要的是同情和帮助。

11. 倘若你摧毁了对方的自信，对方就很难改善自己的情况了。

12. 在性方面无法获得满足，也别傲慢或闭口不谈。坦白是必须的。持续沟通，直到不再犯蠢。

13. 什么都不说，还期待对方了解你的感受，大错特错。

14. 和人交谈的时候不要仿佛纡尊降贵似的——现代男女可不吃这一套。

15. 不要觉得过性生活是自己理所当然的权利，那可就错了。别把伴侣当成私有财产。

16. 性生活中，别让女人的眼泪吓到你——那是她缓解紧张的方式。

17. 性关系出了问题，如果想要强行改善，可能会变得更糟。

18. 记住，在人身上，两种情绪无法同时做主，如果愤怒或恐惧占据上风，爱欲就只得后退。不给情绪的出现找借口，爱才会重新回到你们当中。

19. 强烈的触觉反应是可以练出来的。越去想象自己变得敏感，变得反应强烈，你的神经越会配合你。

20. 排除所有其他的想法和感觉，才可能产生情欲。这种时候，就别茶话会似的谈论当天的闲事了。保持专注是成功的关键。

21. 估计一半的性生活问题，都能追溯到婚前一方父母如何对待结婚对象的，尝试在亲密时刻之外，来一场温情脉脉的对话，排除这个不良影响。

22. 如果你因激情而羞愧，你就是在禁锢自己的欲望。表现得很拘谨而内心的渴望很强烈，会带来毁灭性的影响，就跟内心充斥情欲却表现得像个圣人一样糟糕。

23. 日常生活里付出越多的温情，夫妻关系上会收获越多的回报。

24. 男人在完全成熟前，无法成为一个永久的爱人。情感的成熟尤其必要。在情感发展这件事上，男人一般都需要从女人那里得到帮助，但他们又太抗拒、太傲慢，不愿意寻求帮助。他们自己犯蠢，还要为此责怪妻子。

25. 有一个笨手笨脚的丈夫，就有一个性冷淡的妻子。就连说话语调，都是表现性吸引力的细节。即使最冷的钢铁也抗拒不了磁力。古人都会使用麝香和香水，着装精致讲究，即使你不想花时间衣带留香，至少也别闻起来令人生厌。

26. 两性关系里，如果你学不会眉目传情，那可不算用了自己所有的沟通技巧。

27. 女性的欲望有周期性，了解这个周期是男人该掌握的艺术，就像了解性技巧一样。

28. 接吻中的艺术含量，可并不亚于绘画。而当你缺乏技巧，会显得很像个白痴。

29. 无论讨论过多少次这件事，都记得保有一点神秘氛围，也要注意是在和谁谈论。在人前随意谈论性，会损害你的性魅力。

30. 如果你无法维持浪漫气氛，你也无法保有性魅力。

31. 生活里的性爱，目的是为了表达爱意，而非繁衍后代——自然不过是乘其便罢了，就这样。

32. 关于性方法、动作、体位和持续时间，你可是有成千上万的要点要学，当然，这些都可以在相关书籍上找到。但唯有真正保持精神上的活力，这些知识点才会发挥作用。维持婚姻最有效的技巧，是做一个有趣的性对象，令人满意的性伴侣。一心拘泥于妻子或丈夫的角色，会破坏那些浪漫和欢愉。

33. 性是一种基本需求。否认自己的需求，会让自己成为社交团体里的负担。而滥用性需求，会给他人造成伤害。

34. 性是互动关系，千万别在这里表现自己的贪婪，在性关系里居高临下的，是对伴侣的侮辱。

35. 最重要的是，记住，日常所作所为，会影响你在亲密互动里能否成功。如果你把伴侣当成奴隶，残忍、粗心、不尊重、不友好，你不会得到什么热情的回应。

36. 如果你对陌生人比对自己的伴侣更有耐心，那你可能最爱自己，其次是陌生人，根本不爱自己的伴侣。

37. 在任何情况下都记住，努力追求和谐的两性生活并为此做出改变，可不是什么放荡行为。就算你的伴侣性压抑，你也具有这个权利。

> "
>
> 是厌倦了生命本身，
>
> 还是厌倦了所处的社会呢？

案例 32　如何避免轻生

　　如果你与生命之间的联系，全然维系在他人身上，那么人性的任何弱点，都能威胁到你和生命的关系。 如果你最基本的关系是社交，那么团体中的每一次动向，每一种挫败，发生在别人身上的所有事，都会影响你。人只有与自然物体、地球上的万物，与动物、植物、矿产、无机物建立起基本的联系，才可能是安全的。

　　因为如此，他就获得了一种不会被摧毁的力量。像化学家、工程师、植物学家、探险家，他们与占据生命主要地位的事物之间具有一种真实的关系，那么他们遇到困难时，就不会选择自戕。避免自杀的最重要一步就是"回归自然"，这可不是那种伤春悲秋式回归田园，而是以现代智慧回归真实。

　　倘若缺乏这种基本联结，生命中的任何价值都会面临威胁。看看这种情况吧，一个人的生命会因此陷入怎样的绝望境地：他是一个最终自杀的证券交易所的经纪人，我们姑且叫他杜拉尔吧。报纸上说，他的自杀是事业失败的结果，他融资炒股，结果全赔了，不得不卖掉自己的游艇和豪宅。人们说，他是市场的受害者。真是这样吗？如果是这样，为什么不是每个经历过金融危机的人都去自杀了？

　　一般的经纪人（broker）会开玩笑地告诉你，他们这行的名字取得真好，职业生涯一辈子总得破产（broke）七八回。他根本不会为此绝望，总会赚回来的。调查显示，在自杀案例中，只有一小部分是因担心财务危机，而主要原因，还是个体没法适应生活。

　　杜拉尔还是个孩子的时候，就很容易紧张和兴奋。他母亲太溺爱他，以至于他对自己的判断过于自信。他头脑敏锐，这倒是无可否认。但是聪明的大脑是一回事，仔细思考是另一回事。杜拉尔浪掷自己的聪明才智，脑子转得飞快，冲动地做决定。在他 22 年的商业经验中，他一直生活在疯狂的状态中：买，卖，消费，疯狂娱乐。

对他来说，金钱就是上帝，除此之外无一物真实。大自然的美丽、艺术的神秘、音乐的宏伟都不存在。他也没有时间看书。他通过付账单来满足妻子的需要。如果有人说他身体出了问题，他会第一个反对，因为在他看来，疾病无非是肚子疼或者重感冒。

市场形势好，他就觉得自己成功了，而当失败来临，生命就只剩下了碎片。一切都毫无意义了。他感到自己毫无价值，心里带着苦涩的愤世嫉俗。他觉得为找回财富和地位而努力并不值得，但如果没有它们，又剩下些什么呢？他的生活经历里面，能令一个正常人感到生活有趣的一切都全然不存在。你现在明白他为何放弃挣扎了吗？

他是厌倦了生命本身，还是厌倦了所处的社会呢？天空、阳光与下雨天，真就那么糟糕吗？在工作上发挥潜能，经历波澜壮阔的市场冒险，真就那么不愉快吗？还是因为他觉得自己就得按特定方式生活，接受命运压在他身上的这个环境和诸多限制。

如果他能给自己减轻工作职责，减轻婚姻里的重担，摆脱社会上的消费主义和愚蠢信条的束缚，让自己从这些愚蠢的信念里解脱出来，他还会觉得这么难吗？是什么让他如此气馁？

如果他敢于冒险，真实探索生活，赶紧抛开他一直以来信奉的疯狂教条和愚蠢做法，他还会想轻生吗？

在伤害自己的环境里自我压抑，为了虚假的责任，被义务束缚得要发疯，心灵会因毫无自由而充满愤怒。抑郁的极端表现就是放弃生命，而抑郁往往建立在对生活不满的愤怒上面，所以在自杀行为中，我们也可以看见报复意味——他想惩罚世界，惩罚与自己亲近的人，因为他们让他不高兴。

那么，轻生其实成了一种自我满足的行为。轻生者完全像一个发脾气的孩子那样，发泄他们的不满，他们有着这样一种疯狂信念，觉得如果不摧毁自己，就势必对外界妥协，所以他们选择自杀以保留自己的自由。

这种情绪混乱也会造成身体虚弱和疾病，让血液产生毒素或造成机体麻木，甚至带来内分泌系统——特别是脑垂体的失调。因而，对心理问题进行妥当的治疗，可能真是对生命的"拯救"。

人在身患抑郁症的情况下，经常会习惯性的神经紧张。而在神经紧张的情况下更容易导致轻生，那就像是一种片刻的疯狂，是紧张到达了顶点，这时大脑活动也发生了一些改变，如果痛苦的人知道如何放松下来，等一会儿，那这股冲动就会过去。

在导致轻生的原因中，精神问题导致的情绪化是最重要的方面。人生理想受挫，抑或长期性欲不满也是催化因素。它们隐藏于经济崩溃、对客观现实失望等表面原因（人们总是将悲剧归咎于此）之下。

一个想自杀的人，需要想想以下哪些事误导了他：

可治愈的隐疾。

分泌腺失调导致的沮丧和抑郁。

迟早会过去的紧张情绪。

可以改善的神经状态。

可以改善的经济状况。

被疯狂的道德标准逼迫得精神错乱。

过度重视物质导致的精神匮乏。

我们无法逃脱生命的法则而存在。而生命法则告诉我们，在某时，在某处，我们总会赢得胜利。那不如做出改变，从此刻就开始努力。

抑郁的人需要以高维智慧疏通心灵，来帮助自己摆脱以下问题：

暗藏的报复心。

臆想出来的责任。

隐藏的疲惫情绪。

累积的绝望感。

不合理的内疚。

不成熟的自杀倾向。

没必要的惯性忧虑。

　　任何情况下，当生命到了你觉得"继续不下去"的情况时，你要明白，这不过意味着（只是此时你不知道）你只是在你当前的人际关系和环境中继续不下去了。与其送了命，不如干脆去度个假。远离所有压力，试试全新的环境：试试大溪地，或者萨摩亚。跟简单的人交朋友，学着和"原始人"一起玩。大自然会告诉潜在轻生者，你有权获得幸福，你该接受幸福。

　　还记得罗伯特·路易斯·史蒂文森曾经说过的话吗：

　　"任何人都可以背着生活重担，何其重啊，直到夜幕降临。任何人都可以辛勤工作，何其苦啊，直到一日将尽。任何人也可以享有甜蜜、耐心、慈爱而纯洁的生活，何其美啊，直到太阳下山 —— 而这就是生命真正的意义。"

"

人们怪罪眼前因素，

是因为眼前因素让他们内心真正的困

扰浮出了水面。

案例 33　探索我们内心的冲突

你问我为何如此肯定地说，不敢自私会极大地损害你的生命，为何我如此坚定地认为，从这种世俗流行的发疯行为里解脱出来是解决大多生活问题的关键。我可以解释给你听，我这样说，不仅是从成千上万个生活故事里做出的总结，还运用了心理测量方法。

许多人认为，他的烦恼跟精神生活关系不大。他们觉得，心情怎么样，跟解决问题是两码事。钱是经济问题，生意是贸易关系问题，家庭幸福取决于衣食住行，就这样了。任何头脑正常的人都不会否认这一点。但这种纯粹唯物的推论，忽略了人的心情对管理衣食住行、处理钱财和家事的影响，这可是核心问题，但是被忽略了。

我们面对生活的态度，体现了我们是一个怎样的人，是思考者还是行动者。倘若一件事能挫伤我们的心灵，也会进而削弱我们的力量。许多我们觉得是客观问题的事，本质上是主观且个人的。我们最大的问题就是我们自己。或者换句话说：先除去自己眼中的梁木，才能拔掉周遭生活里的刺。

近年来，许多人在面对情绪问题时，寻求心理医生的帮助。想象一个正在发生的心理咨询的典型对话：

高尔特先生情绪低落。"我一点儿也不高兴"，他说，"我总是紧张不安，又睡不好，医生说我身体上没什么问题。我一直在想，你能不能让我妻子和孩子少给我点压力，我在家里一点儿也休息不着。"

"这种事困扰你多久了？"心理咨询师问道。

"哦，从我们结婚后就如此了。"高尔特回答。

　　令高尔特吃惊的是，心理咨询师没有继续问他家庭的情况，而是给他一份打印好的测试表让他填。他被告知要仔细读每一个单词，在每一个让他萌生担忧、焦虑或恐惧的词下划线，并说明他的反应是微弱、相对强烈、强烈、非常强烈，还是极度痛苦。任务完成后，高尔特将表格递给心理咨询师，发现对方对标有"极度痛苦"的词格外关注。

　　高尔特先生的"极度痛苦"包括：恐惧、自私、邪恶、家、死亡、内疚、梦想、夜晚、未来、人、失败、贫穷、遗憾、自杀、耻辱、记忆、错误、软弱、沮丧、孤独、紧张、不确定、无助和气馁。看了几分钟，心理咨询师转向高尔特：

　　"来，我们先看看这张清单，"他说，"这里的词，是有关于生活中需要处理的各种难题。例如，测试表显示你对金钱、伴侣、妻子性格、邻里朋友关系感到不安，你在社交场合感到尴尬，你可能会有性生活不和谐的困扰，乃至酗酒问题。

　　"而你又展现出了你在自私、内疚与死亡方面的困扰。你流露出不安全感、不确定感和无助感，对未来有明显的焦虑，甚至害怕自己会自杀。这意味着，你的困难并不真正来自家庭生活压力，你的困难其实来自你自己。**人们怪罪眼前因素，是因为眼前因素让他们内心真正的困扰浮出了水面。**"

　　实际上，高尔特的生活失调，远没有他的内心失调那么严重。他在否定回答的词汇中给出了线索，这些词是解开他内心的自我恐惧的钥匙。

　　高尔特似乎也无法忍受玫瑰气味。每当他走入弥漫玫瑰香味的房间，他就会身体颤抖。只要他在舞会上接触到玫瑰香粉或香水，他的脸色就会变得刷白。他不明白，为何这种无辜的香气，会引出情绪的爆发，直到在这次咨询里，对他的记忆进行回溯分析。

仔细地、一点点地回顾他的病史，我们发现，当高尔特还是个小男孩时，在妈妈做手术前，他被带去医院探望妈妈，在她旁边的桌上，瓶里插着一束芬芳的玫瑰。高尔特全心全意爱她，尽管如此，在他们的关系中仍然暗藏痛苦。妈妈长期卧床，每次他发出一点儿声响，他的姨妈都说他"自私"。没有人能帮助这个小男孩找到情绪发泄点，他只能一直听着"坏小孩，自私的小孩"。后来，他妈妈死在麻醉台上。他就像自己杀了她一样有负罪感。玫瑰与这个隐秘的伤口有关，是他受苦的象征。

这种心理异常，扭曲了他与生活的自然联系。**成千上万受日常问题折磨的人，内心都背负着这样的过往伤害。解决此类麻烦的关键，在于从那些毫无根据的责备中重获自由。**被称为"自私"这种诅咒，比起生命中的其他事都更容易导致失败的人生。

自由联想是一种最有效的方法，能帮我们找出导致功能障碍的原因出在哪里。这种方法让我们内心最具压倒性的隐匿情感浮出水面。它能让所谓的"日常经验"的表面之下，那些汹涌的波涛显露出来。

海伦正试图使用这一方法。她整天坐在逐渐消失的日影里，眼睛追逐着天际的鸟。她不时漠然地瞥一眼她面前的纸，一边间或用铅笔潦草地写下想到的字，前一个词语使她联想出下一个词，她就写下，正如作曲家遵循旋律的指引。她写：鸟，笼子，监狱，家，喙，鸟，母亲，鼻音，愤怒，仇恨，可怕，西部，门，光，地平线，安全，寂寞，亨利，死亡，消失，空虚，生命，诅咒，母亲，噢上帝！

我们还需要进一步解释，是什么样的苦痛导致了这个女孩生命里的问题吗？从这些单词和它们的顺序，我们还拼凑不出来整个故事吗？她所爱的人，亨利，有一个鼻音浓重、尖酸刻薄的妈妈，他们被迫分开，他被送到了西部，生病去世，她的生活变得空空如也，只剩下："来啊，海伦，该去主日学了！别让琼斯太太开着她的福特在门口等太久，穿上你那件灰色波点洋装，这样才对嘛。"

我们光顾着评判眼下的情况，却完全没有意识到，那些埋在昔日的情感，是如何扭曲我们今日的生活，塑造我们此时此刻的思维与行动。

到底是生活辜负了海伦，还是她害怕真实的自我，害怕犯道德错误，致使她禁锢了本能的冲动，才导致生活出问题的？就为了那些理由，那些被愚人称之为责任，事实上不过只是诅咒的理由？她本可以与亨利一起过着幸福日子。如果她嫁给他，她现在的生活会是什么样子呢？难道她没看到，旧日经历深深伤害了她的心灵，而心灵受损才造成她今日的困境？难道她没发现，她自己受到的影响，伤害了她的判断力？她害怕嫁给亨利要背负的道德指责，而她的生活不是已然被摧毁了吗？

除了这种简单的联想测试，其他类型的文字测试也能用于探索我们内心的冲突。其中，句子联想法就很有启发。让被试者在安静房间里，以放松的姿势待着。让他凝视虚空，进入主观冥想状态，这时候让他记住内心浮现的声音。不加任何控制，写下这些看似大杂烩的、互不相关的想法，而这里面就会不自觉地浮现能暴露内心冲突的、极为重要的句子。

本·安德鲁，50 岁的男人，正处于男性更年期的痛苦中，情绪波动极大，又显然不被别人理解。他坐在窗边，旁边的桌子上有一支摇曳的蜡烛。正值午夜，屋外的树木飘出新割的干草的气味。外面的黑暗沙沙作响，处处散发着不安。

一个个近乎无法辨认的字词，就像被挤出来一样，爬上纸页。"我的人生正如这夜晚：无法安宁，内心总在流浪，无法停止，太黑了。黑暗持续太久 —— 银行 —— 那些时间 —— 在银行的那些时间 —— 像待在保险库里 —— 地狱里的洞穴 —— 黑暗 —— 夜晚 —— 只有回声。生活捉弄了我。命运一直在嘲弄我。还有爱 —— 呸！我还不如跟蠕虫，跟荒野里的野兽躺在一起！红木，八点半，弗兰德餐厅，茉莉亚！臭虫！"

明天还得开始新的一天，重复一连串走过场的举动。过去的某一天，他搬离了市中心：错的家庭，错的学校，错的朋友，错的工作，错的婚姻。现在，负担着两个蠢儿子和一个行为引人侧目的妻子。这种悲戚人生，怎能不令他内心忧伤？

他为何还在这里继续忍耐呢？他为何终日为当下忧虑，却不去寻找导致这一切发生的原因呢？因为他害怕表现得自私。大量负面的念头固着在他的思想里面，异样的观念扭曲着他的头脑。

　　精神生病了就是一种妥协 —— 病态的妥协。人的自我因此变得阴郁，又充满叛逆，害怕面对完整的自己。然而，表现在行为上却是以自我为中心的，就各方面来说，都违背"绝不自我满足"这一法则。

> 在所有阻碍我们克服困难的因素中，
>
> 隐藏在生活事件里的情感因素，
>
> 是最糟糕的。

案例 34　危险的升职

亨利不知道该怎么办。当然，他也可以选择辞职。外面有好几家公司等着要他。他的公司花费数年才研制出来的宝贵配方，就握在他手里。为了这些信息，竞争对手也不会顾虑代价的。

但是，即使这些都记在他脑子里，他有权把这些财富带走吗？还是不这么做比较好？上级信任他的正直，才让他知道这珍贵的秘密。然而，他跑到竞争对手公司效力的时候，又哪能一下子就忘掉自己已知的知识呢？

当然忘不掉。再说了，新东家肯定希望他竭尽全力，好好运用自己的记忆，完善他们的制作工艺。他怎么做才对新雇主公平呢？他现在的公司对他公平吗？他们都没给他应有的待遇，还想把他和他全家派到地球的另一边。他甚至还得卖掉他的房子。这可不是啥好做法。

亨利整晚都睡不着，在进退两难中辗转反侧。

对于这种内心冲突，现代科学早已有深入了解。引起这种冲突的心理状态，我们称之为"**矛盾心理**"：它反映的是理智与感受之间的冲突。理智上，亨利知道，洲际染料公司完全有权把他派到加利福尼亚——事实上，当他最初和公司签订雇佣合同时就同意了这一点。他也明白，这种调动实际上是升迁。

他的理智明白，也愿意去。但他的感受是另一回事，从他结婚以来，他从未远离过自己的妈妈。他不愿对自己承认这一点。他，一个已成家立业的男人，面对他在被情感左右这个事实，这可不太可能。他也不愿承认他的胆怯，以及他对熟悉的家庭环境、对老朋友的依赖。

　　自我怀疑占据了他的头脑，就像陷入了优柔寡断的迷宫。这种优柔寡断，就像一个奶头乐。他看上去在付出巨大努力，厘清内心骚乱，事实上对自己恐惧的事什么也没做。亨利前一分钟刚告诉自己"我不去"，下一分钟又如此下决心："但我必须去，这是理所当然的。"

　　想象一下第二天，这个满脸倦容的男人，向专门处理这种问题的心理咨询师寻求帮助。专家该如何着手呢？我们是否可以想象，他会使用"钻探技术"——苏格拉底问答法的现代应用形式——来质问亨利，帮他发现自己陷入僵局的原因？或许，我们可以想一下这两种再明白不过的处境：

　　A.这位年轻工程师获得了一次自然而然、意料之中的晋升，并以此为契机，在职业生涯中有所斩获，而这种生活变化，也没给他妻儿的生活带来太大不便。

　　B.事实上，单纯因为个人的、有点儿神经质的原因，他被情绪左右，不愿意去面对这次改变，听任情绪化的迷雾，笼罩着他的思想。

　　"你有太多心理障碍了，你是这些障碍的受害者，"他的咨询师会这么说，"我列举几个给你听。首先就是'先入为主'：这个短语指的是已建立的一系列既定想法，阻碍了你的思考。当你还是个孩子的时候，你就对自己的生活和工作有了一系列既定的预设，包括就应该住在父母家附近。接着，就是我们说的所谓的'混为一谈'现象，你的愧疚感都是因为这种心理现象——搬去西部这件事情本身，并没那么让你困扰。你是把这一切和你的思乡之情混为一谈了。而且，每次你打算尝试一些实际行动，就会发生'思维偷换'这种现象，你会把注意力转移到远离朋友、远离熟悉环境的孤独和恐惧上。

"你已经在大脑中建立了一系列'提示中心'，它们就像大脑里的留声碟一样，每当你试图运用理智，它们就开始播放。如果我花时间为你这种重复的心理过程做一张图表，它会显示，每次你的抗拒心理发作——例如对你上司要将你和父母分开感到愤怒，你得出的结论与事实之间，就总有一个稳定的误差。我不想太技术化与科学化，但你是个工程师，我希望你能明白，心理问题分析可以像工程技术一样准确清晰。

"在我们的每次谈话中，你都没办法排除你因情绪不安制造出来的隐性事实，而单纯地谈论显性事实，你也没有做任何事来打破你自己重复的思维，去洞察问题本质。而且，这里面有一个再明显不过的事实，你却绝口不提。"

"是什么？"亨利有点儿生气地问。

"你得养家糊口。"咨询师简短地回答。

"我能找到一大堆其他工作。"亨利反驳说。

"你能吗？"咨询师挑眉问道，"我表示怀疑，任何一家竞品公司，都得怀疑一下你为什么突然离职。如果他们雇你，那也不是因为你的业务能力，而是因为你知晓的秘密。你心里明白这一点。而且，你内心能平静吗？我个人觉得，你是个有良心的人。想想如果你的老东家知道你是通过什么轻易地得到新工作，不会让你觉得自己像个骗子吗？"

"你是对的，"亨利喃喃地说，"我不能这么做，会下地狱的。"

"我也觉得你做不到，现在，我们也不必兜圈子了，可以直接思考核心问题：你想工作还是不想工作？至少，如果你还想拿到和现在差不多的工资——这才是问题。"

"你是说，跟工作比起来，我的感受不重要吗？"工程师闷声问道。

"哦，不是吗？你的妻子和孩子都挺想去。你父母也不会因为你终于'断奶'了就一命呜呼。去西部这事，这是你成长的一部分。"

"你又说对了，"亨利回答，高声说，"我去。"

我们谈论困难时，仿佛问题主要是经济原因。但实际上，精神贫乏远比物质贫乏更让人日子难挨。即使在物质匮乏中，我们也是因自觉不足而受苦。直到见心理咨询师之前，亨利一直在谈论他的困扰，却隐藏着内心真正的问题。他表现出神经质的人特有的急躁。他的恐惧使他人格狭隘，好像他被塞入了两种不同的个性：一方面逃避面对事实，另一方面像个批评家一样为自己的恐惧羞耻。他难以把控现实，感到自己掉入了深不可测的圈套之中。

很少有人知道他的胆怯，他们以为，他内在争斗的表现，是因为他就是这样的人。就连妻子也接受了这些表现，顺着他来。她也以自己的方式隐藏内心，她内心的桎梏，让她解决生活问题的所有尝试不能发挥作用。她感到被排斥，变得麻木。她的怀疑和自我意识令她对生活缺乏反应，从而感到孤独。

在所有阻碍我们克服困难的因素中，隐藏在生活事件里的情感因素，是最糟糕的。我们因此不能专心，因此疲惫不堪。统计数据显示，有许多工伤事故就是因内心焦虑才发生的。在家里，你的妻子不小心碰撒奶油；你点烟时烧了裤子，这都是神经紧张。这时，你就做不到心理咨询师所说的先"权衡事实"，再思考问题。

在这种情况下，我建议你休息一会儿，在你已经尽力后，先把问题放下：去读一本小说，去剧院，去打牌，去找人聊聊天。但如果你总放不下那些烦恼，我劝你的这些又有什么用？

少数人会超脱出来，让自己面对压力，保持精神自由，从旁观者的角度来思考自己的问题：保持一段距离，深入本质，直面问题本身。但若因过度疲倦而烦躁，你可能反而会不停地为事业而忧虑，尽管问题真的只是因为你太累了。而带着烦恼入睡的人，就更不可能摆脱压力。

当一个人决心摆脱心中的苦恼，就必须做出重大改变。一个聪明人不会再纠缠生命中不可更改的事实，而是去面对自己内心的不安。

人存在一个普遍困惑，让我们的生活陷入困境的，到底是神经质的内心状态还是糟糕的外在环境？答案是：**都不是**。这里有一个明显的，令古今中外的哲学家深感混乱的矛盾，这个矛盾让基于经验的研究变得困难，要么，它把责任都归咎于个人的异常，影响我们去评估社会里的恶；要么，它强调环境责任，造成我们对精神问题的曲解。真正理智的态度在于，看到我们每个人受环境影响的同时，也有我们自己的手在起作用。

当我们在生命里遇到混乱情况，我们笨拙地想摸清楚命

运。但命运，本就充斥着一堆糟糕条件。更重要的是，我们的**心态会限制我们克服困境的能力，而心态，与幼年环境的破坏性影响有关。**

显然，这种两难境地，就像先有鸡还是先有蛋，唯一的不同就在于，我们知道谁先谁后——倘若社会能更理性地运作，家庭生活也能避免道德堕落，那么让我们精神崩溃的事就可以少很多。

然而，一旦异常思维形成，我们与环境的关系就将恶化数倍——按最好的情形来说，依旧很难适应。因此，**如亨利这样的人，他儿时的经历让他和家庭紧紧捆绑在一起，就会让他把晋升视为一种威胁，而非成就。**

总之，在神经质幻想的破坏下，人们无法清晰地看到自己的问题，被不成熟的、扭曲的视角取而代之。亨利在寄生状态下找到了自我满足，这也让他的思考能力受损。

> 在 1000 个案例中，
>
> 心理失常的总数为 12230 次，
>
> 这意味着，每个人身上有平均超过 12
> 种心理问题。

案例 35　打破负面思维框架

基于对 1000 名男女所遭遇的问题的研究 ——他们的困难都相当的典型 ——我有幸得以在本书中提出这一结论。他们就和你一样，脑子里装满了各种生活压力。他们中的许多人都不快乐 ——倒也没比你丈夫、妻子或岳母更严重，他们的烦恼也不是什么罕见的烦恼，他们的恐惧和担忧，更是再平常不过。

因此，在这些案例记录中，我们可以看到种种婚姻问题、人际与金钱恐惧、忧郁、胆怯、孤独、愤世嫉俗和怀疑人生。而所有这些都可能集中在一个个案身上，还得加上自我放纵、自欺欺人、自怜、性障碍、职业适应不良和倦怠感。问题还可以来自兄弟姐妹、岳母、错的伴侣、愚蠢的老板或其他恶劣条件，以及饮食不当、睡眠不好、腺体失调、千百种已发生的事的影响。

了解这些因素及其相互作用，就是实用心理学的根基。有经验的心理医生会寻求理解这些数据的真实含义。倘若它指出了"自我"在面对困难时的严重误解，咨询师便会如实记录事实。不会随意发挥，仅仅是客观记录生活中不同寻常的问题。

寻求心理咨询帮助的原因（来自上述 1000 个案例）及人数 ——从高到低排序：

寻求心理咨询的原因及人数

1. 孤单、以自我为中心、只关心自己 / 849 人次

2. 环境问题、财务问题、经济危机 / 827 人次

3. 自我放任、享乐主义、需求与欲望的冲突 / 621 人次

4. 倦怠、唯心主义、思维僵化、愤世嫉俗 / 582 人次

5. 懒散、依赖别人、偶尔酗酒 / 527 人次

6. 道德上摇摆不定、过分卷入、过度焦虑 / 482 人次

7. 神经紧张、因承担责任而过度疲惫 / 462 人次

8. 忸怩不安、尴尬、感到不足、在意他人评价 / 428 人次

9. 病态、喜欢牺牲感、自怜、羞愧 / 412 人次

10. 性障碍、性欲失调、性困惑 / 396 人次

11. 气馁、自我封闭、沮丧、成就无望 / 384 人次

12. 矛盾、不确定、犹豫不决 / 383 人次

13. 情感不成熟、恋母情结、无法独立 / 357 人次

14. 僵化刻板、刻板地遵从圣经、良心受折磨 / 352 人次

15. 被误解、过度敏感、因他人指责而感受伤 / 342 人次

16. 了无生趣、明显的压抑、迟钝且不快乐 / 319 人次

17. 核心情结、暗暗恋家、生活不适应 / 316 人次

18. 过度迎合他人、犹豫不决、缺乏目标 / 303 人次

19. 懊悔、沮丧、抑郁、无法摆脱自责感 / 298 人次

20. 过于世故、无意义感、兴趣缺失 / 271 人次

21. 无形的恐惧、焦虑、经常烦恼 / 245 人次

22. 婚姻问题、为情绪起伏而痛苦 / 243 人次

23. 心神散乱、游离、注意力无法集中 / 219 人次

24. 家庭情况、父母问题、子女问题 / 214 人次

25. 职业问题、为工作性质困扰 / 210 人次

26. 社会问题、为人类的发展而困扰 / 197 人次

27. 恋爱问题、情感不成熟、爱情困惑 / 187 人次

28. 不适应、叛逆、与人相处困难 / 174 人次

29. 神经衰弱、内心不安、担心健康问题 / 138 人次

30. 生意压力、神经疲劳、日常的问题 / 136 人次

31. 精神紧张、不安全感、恐惧、害怕危险 / 126 人次

32. 压迫性的母亲、占有欲、为父母而烦心 / 124 人次

33. 被冲动支配、强迫且无法满足；行为问题 / 123 人次

34. 对所处社会怀有敌意、反抗固有限制 / 106 人次

35. 觉得人生无意义、怀疑灵魂不朽、害怕死亡 / 102 人次

36. 情感不成熟、恋父情结、不敢独立 / 94 人次

37. 疑病症、想象中的健康问题 / 88 人次

38. 害怕或厌恶男性、恐男症、敌视异性 / 79 人次

39. 厌世而冷漠、过度优越感、为地位担忧 / 76 人次

40. 婆媳问题、因配偶的父母而烦心 / 75 人次

41. 自杀冲动、玩世不恭、充满报复心 / 72 人次

42. 吹毛求疵、完美主义、因隐秘欲望而有负罪感 / 68 人次

43. 害怕或仇恨女人、厌女症、反感异性 / 68 人次

44. 宗教问题、对上帝抱有困惑 / 52 人次

45. 专横的父亲、男性的自大、因父母困扰 / 34 人次

46. 同性恋、沉迷于禁欲 / 26 人次

47. 工作问题、敌意、被伤害 / 14 人次

48. 岳父问题、为父母而困扰 / 12 人次

49. 青少年犯罪、情绪适应不良、害怕责罚 / 9 人次

50. 愚蠢、智力缺陷、没有任何担心 / 8 人次

大多数人被不止一个问题困扰，这一说法在这份记录里能得到很好的印证。单一状况或可支配一个人的思想，但总体说来，困扰我们的是"漫天群星"，是一群组合在一起的特定又古怪的心理异常。

埃文斯在情感上自卑，因为性焦虑而神经衰弱，还面对金钱问题。他的哥哥表现出过度的优越感，婚姻状况糟糕，还有抑郁情绪。米莉对智力自卑，又用冲动行为来代偿，这让她就业加倍艰难。她的弟弟弗兰克有恋母情结，又有同性恋倾向，就业也不稳定。他的两个朋友都酗酒，总是被冲动支配，其中一个是个女大学生，还有轻生倾向。

与实验室研究做出的学术报告不同，这些案例并非按意愿选取，而是来自临床实践，它们可以代表日常生活。同时，由于这些研究基于实践，无法像实验室研究受控条件下那样精确收集数据。

这份列表首先引人注意的，就是人们竟在人际关系上有如此深的担忧。将近一半的人觉得自己比别人差。300多人感到同伴不理解自己，觉得受到不公平待遇；几乎同样多的人因为沮丧、低落而痛苦，在亲密关系中感到厌倦，觉得爱情早变味了。84%的人觉得，孤独是他们心中最大的痛苦。内心都是不受满足的渴望，难怪那么多人觉得自己不开心。

从清单中的线索里，我们也能知道，这些人中有62%都在婴儿时期就被宠坏了，自我放纵似乎成为他们面对的一个主要问题。他们仍然从环境中寻找吃奶时期才有的待遇。精神分析师认为，核心情结（与父母家人之间的羁绊）是神经质状态中的一个重要因素，这也没什么错。柏格森格外强调这种依恋固着的重要性也相当合理。

这份列表还显示出，懒惰现象的比例也很高，灵魂呐喊着想要得到爱，却缺乏去争取的冲动。在这里，我们发现许多成年人面对的困境，是因为像寄生虫一样被养在溺爱他的父母身边而导致的。

性、婚姻及恋爱问题的数量倒并不显著，精神分析学家可能会提出反对意见，他们会声称，这种情况没有被记录，是因为没有应用弗洛伊德式的方法，因此许多与情欲相关的因素没能被揭示。但如果将爱情、性、家庭和婚姻的困难加起来，其总量是最高的。

在 1000 个案例中，心理失常的总数为 12230 次，这意味着，每个人身上有平均超过 12 种心理问题。其中一些人是 4 至 5 种，而另一些人则有多达 18 至 20 种心理问题，这取决于他们不快乐的程度有多严重。神经质的表现，往往是过多的想法、过度集中的悲伤，以及内化了的迷信。只要环境激发，我们这些想法就又会借着当下环境的壳子冒出来。

所以成年后，我们遇到的多数问题，与其说是因为环境，不如说是因为我们自己。童年时，我们是环境的受害者，是母亲的溺爱和父亲的苛责的受害羔羊。因本就无错的自私而被打屁股，被呵斥着上床睡觉，除了忍受别无选择。而这种可怕的感受（社会法令现已对此做出更多限制），就构成了我们现在主要的负面思维框架。

在这 1000 个案例中，超过 90% 的人感到他们的生活严重受限。少数几个既没被家庭权力束缚，也没有结婚或未婚的压力（因为婚姻或因为未婚不快乐）的人中，大多数人都觉得他们生活在无趣的人当中，没什么快乐可言。有些对生活失去信心、愤世嫉俗、悲伤，但承认自己想要完美的幸福。许多人在忠诚问题上抱有暧昧不明的态度。大多数人可以轻易列举自己讨厌的事物，但对自己喜爱的事物却无法说出二三。

根据这些数据，发现这么多人存在精神问题，这也算非常令人震惊了。它似乎可以证明，我们大多数的麻烦都是因为我们妥协。外界环境是给我们带来了麻烦，但是因为我们自己的情绪，我们才会成为它们的受害者。

归根结底，这些人的麻烦，是因为他们的自我妥协让自己陷入混乱，这种混乱又通过不明智的自我满足体现出来。他们没有真的挣脱枷锁、解决问题，而是选择不合作、对抗、反叛活着，觉得自己命中注定要有此劫。他们不懂彼此互助，幸运也不会眷顾他们，于是不幸就主宰了他们的生活。

别再认为是我们的丈夫、妻子、母亲、父亲、儿子、女儿、同事、邻居带来了我们所有的麻烦，放弃这种谬论，我们将获益无穷。

❝

想要消除心理问题，

你需要付出巨大的努力，

拿出在这世界上谋生一样的毅力来。

案例 36　为了内心的平和而战斗

我们当中，很少有人愿意为了内心的平和而真正去战斗，在这方面，我们就盼着不劳而获。我们不愿意为了解决问题，去打破自己内心既有的情结。我们希望消除我们的心理症状——就像过去那样，麻痹它们。周围环境看上去可太艰难了，让我们自己去努力改变，似乎并不公平。

然而抱怨毫无用处。如果你妈妈在你还是婴儿时抛弃了你，那确实，你就成了弃婴，你感到受伤，这是事实，无论这种情况是否公平，你都得面对这个伤害。如果她这么做，害得你出现心理问题，那你也得面对这个事实。如果你不想让你的生活在精神摧残下慢慢枯萎，那也没有什么别的选择，你只能以强大的意志力来消除自己的症状。

人们不断地问："需要多久才能走出心理问题？"答案是："没人知道。"时间只是一种假象。多久能从这种心理状态里摆脱出来，这取决于你面对的精神问题有多深、多广。

当你患了阑尾炎，通过现代手术就可以切除它，几乎不用遭什么罪。如果你胃痛，你也可以吃药。但在精神王国，没有这样的手术，也没有这样的药丸。想要消除心理问题，你需要付出巨大的努力，拿出在这世界上谋生一样的毅力来。

神经症①的定义有许多种，其中一个最恰当的，就是将它定义成消极主义踏进人类潜意识的入口。怀疑的阴霾笼罩了一个人的思想，挥之不去的恐惧和让人透不过气的愤怒激荡于心。他尝试思考，却陷入郁闷，最终以被情绪压垮而告终。他

---

① 一般指的是精神活动能力下降、烦恼、紧张、焦虑、抑郁、恐惧、强迫、疑病症状、分离症状、转换症状或神经衰弱症状等一系列精神上的症状。——译者注

内心受挫，又逐渐变得麻木不仁，有时在绝望中，他强迫自己把注意力从恐惧中抽离，转移到兴奋和快乐的事情上。他拼命迫使自己完成职责，强迫自己参与外界活动，以此来逃避内心的痛苦。

然而，就这样放弃探索个人问题是没法找到解决办法的。除非回到内心深处，在那里与颠倒是非的恶魔搏斗，否则不会有什么出路，我们只会陷入僵局。

但正如你所知，许多人抗拒这个事实，因为他们害怕它，他们宁愿远离自己的心灵，即使这种远离意味着灾难。不过，这种观点倒也合理，因为毫无疑问，倘若对心理问题进行治疗而不搭配积极疗法，确实可能引发一定风险。一个人必须建立良性思维来代替消极态度，才能免于陷入绝望的深渊。

为了改变病人的消极态度，在看诊时，我的父亲运用过一种技术，我相信这种技术比现在许多临床工作中使用的技术更好。这是他的习惯：他会与他的客户相对默坐一会儿，然后冷静而被动地分析这个人的思维框架，试着找到能穿透这个人营造的"消极气氛"的点。他会不断尝试，直到找到关键点。然后他就会突然从被动分析的状态切换到热情洋溢的积极状态。通过这种突然的转变，他在病患脑中建立了一幅有明确导向的积极画面。

这幅充满活力的画面，生动地描绘了排除不良习惯，摆脱扰人的精神状态后，他的客户能过上怎样的生活。在从负面情绪逐渐过渡到正面行为这方面，我的父亲可从未失手，这样，即便他的客户陷入过去的状态时，也能联想到更光明的画面，继而走出坏情绪的阴影。通过重复这种方法，他们逐渐习惯了在有问题的状态中开启另一扇门，通往健康的精神状态。

此类方法，能潜移默化地调整一个已被不良思维捆绑的人的性格。每一次，当个体被唤起不良感受时，他会同时想起一个新的正向焦点，能让他通往更好的生活。

如果我的读者愿意建立这样一套规则：想出一种健康且充满活力的行为模式，并将自我分析找出的每一个不幸的、具有破坏性的因素，跟这种行为模式联系在一起，通过这种方法控制注意力，仅仅如此就比所有其他方法更为有效。

这种技术从本质上讲，是一种"以牙还牙"的手段，反过来利用让精神出问题的状态。发现个人异常的"氛围"，及构成它的模式和意象后，我们就能利用这种激情，促成建设性的改变。

有了这一过程，就为第二个过程奠定了基础：打破你的情结。当你被困在过去的情绪和行为里时，就反其道而行之。如果你害羞、退缩，就练习与人相处的艺术，参与别人的活动。如果你的恋母情结让你想要待在家里，就走出家门，没事多拜访朋友，或者找个离家乡远点儿的工作。当恐惧限制了你的行动范围，坚持每天努力来扩大并超越界限。当我们释放出目前为止被压抑的力量，就能打破这种精神状态。

如果你的头脑没有处于最佳状态，明显感到恐惧和紧张，那做这种自我调整同样是解决诸多困难的关键。你的婚姻问题的关键或许是因你的情绪状态而非不愉快的情境本身。你面对的职业困难，甚至就业问题，都可能是因你内心的混乱而起。

当我们生活在现代心理学氛围中，再见到那些仍然活在极端价值观里的老朋友，我们可能真的会吓一跳——他自以为能看懂别人的人格，还觉得别人无药可救。

真希望这些怀疑论者，能亲眼见证通过治疗分析的人经历的变化。**你可能有过这样的经历，知道那种重新活过来的感觉。**你或许能说出事物看起来发生了多大变化：树更绿了，天空更蓝了，太阳更温暖了，人们多友好啊，整个世界都像在微笑！

从最深层次而言，对心理问题的治疗就是让人格回归完整，并且确保它不必再因自我妥协而做出任何屈服。除此之外，我们还需要将人格回归到能合作的状态，从愚蠢幼稚的自我满足带来的伤害中解脱出来。

这并不意味着未来就没有问题了，也不意味着个人完全摆脱了曾经的状况。单凭习惯的力量，我们仍可能在一段时间内，被拉入旧日的深渊。但我们仍会找回来时的路，并且能减少失控的状况。

"

对孩子来说，

父母能对他们做的最可怕的事，

就是强行维持一段不幸福的婚姻。

案例 37　飙升的离婚率

倘若你是个普普通通的美国人，特别是，你是个女人，你或许没想过：爱情会来到你的生命中，但离婚同样也可能随之而来。你的浪漫梦想里，可一点也没包括爱情也会结束于无尽的争吵中。你重复着"直到死亡将我们分开"，对自己的誓词深信不疑。但是，作为一个普通美国人，离婚的概率可是比生命中其他危险大多了。仅 1965 年一年就有近 40 万对美国夫妇离婚。

即使是在人潮汹涌的街道快速驾驶出事故的概率，也比离婚率要低。每九桩婚姻中就有两桩可能以离婚告终。这个数字还在攀升。统计数据显示，不到半世纪时间里，这个数字增加了 215%。

1910 年，离婚率为 12.4%。到 1930 年，它是 21.7%。到 1950 年，这个数字已经上升到 25%。很容易理解，专家们担心如果比率继续增长下去，现存的婚姻制度就会崩溃。

这种情况的严峻程度，实际上比官方数据显示的更为严重，因为过半的破碎婚姻实际并未走上法律途径。由于婚姻鲜少带来快乐，我们对于爱情和长期亲密关系的信心也早已被动摇。

而且，这也不是个简单的问题。假设你是一个有三个孩子要养的女性，一个 4 岁，一个 6 岁，一个 9 岁。你的房子是按揭的，或者你租了个公寓，反正这才是大家最常见的情况。不管怎样，想要头顶还有片瓦蔽身，你就得花钱。你丈夫在批发公司上班，经常出差，你发现他对你没兴趣了。他有别的女人了，你又没工作，也没有别的生活来源。

你现在面对的情况简单吗？问题难道只关于爱和因爱产生

的需求吗？绝对不是。当下的婚姻，经济因素和心理因素同样重要。但也不能仅仅因为爱还关系着生计，就还保持着这种关系。任何考虑过这个问题的女人都知道，只有这个男人出于自愿维持这段关系，这个家才值得拥有。强迫得来的亲密会招致疾病、失败和死亡。受经济所迫而维系关系也行不通。

所以，当爱情失败，婚姻破裂，我们必须放开固有成见，好好思量自己能做什么。

前段时间，我去参加一个宴会。一位最高法院的法官就坐在我对面。享受美味至极的晚餐后，女士们先行离开。

"你们心理学家，经常批评我们法官处理婚姻问题的方式，"他说，"如果你坐上法官席，你会怎么做呢？"

这可真是个直球。

"我和您做的可能也没什么不同，"我回答说，"和您一样，我也会受美国司法习俗的制约。我们研究人类思想的人，可不是责怪法官个体，我们责怪的是法律与婚姻有关的整体作为。"

"你的意思是，我们法官受法律和习俗制约，无法为婚姻纠纷里的个体伸张正义？"法官先生温声问道。

"我的意思就是这样，"我同意道，"我不是在责怪个人，即使在婚姻法比较落后的州，大多数法官也在尽法律所能。只是传统法律精神过于漠视爱、人性和生命的真相，在心理学家看来，这可真是不幸。"

"我希望看到整个社会的观点，能跟上科学和工业的进步。然而几乎在任何地方，人们对待婚姻的方式都和一百年前一模一样。我们在化学、机械方面并不落后，"我指了指头上的灯，

"在照明方面也是如此，现在可没有什么冒烟的火把了。"

"那你打算如何改变现在的整体程序呢？或者这么说，如果你是负责离婚纠纷的法官，可以自由地作出判决，法院都会执行，你打算怎么做呢？第一步，第二步，第三步，现在你会怎么做？"

"第一步，"我接受了他给我的陈述模板，回答道，"首先，我会把他们看作被外科医生伤害的病人，他们就是因社会的疏忽导致的受害者。你见过哪个男女，为婚姻做好了充分准备？我的意思是，被教导如何寻找适合的配偶，或者如何对对方的个性做出必要的适应？"

"不，不，"法官眨了眨眼睛，"我想，我从没这样做过。"

"那，**我一点儿都不会责怪个体的人，因为社会没有及时教他们关于人性的知识，他们没有像运用母语一样，能够无意识、自动地运用这种能力，他们是这种社会缺失的受害者。**那些想离婚的人没什么错，除非他们懂得如何明智地选择伴侣，否则他们不该为此负责。他们离婚，是无知导致的必然后果。"我一边说，一边开始往杯子里倒水，在即将溢出时停止。"法官大人，如果我继续下去，水就会溢出。任何事都有自己的饱和点，处在不幸婚姻中的人无法忍受时，就是过了临界点，我不会怪他们。"

"你会让他们拥有新选择吗？"

"当然。在生活的其他方面，我们的态度都不会像对待婚姻那样不人道。如果两个人合伙做生意，但实在没法好好合作，我们会说：'他们还是拆开得了。这是在互相拖后腿，再继续下去会咋样他们自己也不知道。'这就像两匹没法往一处使劲儿的马，如果有人坚持让这么两匹马在一起拉车，我们会觉得这人疯了。"

"而这就引出我想说的第二点，"我继续说道。"我会把离婚视为必要的外科手术，这是为了避免接下来的感染。对孩子来说，父母能对他们做的最可怕的事，就是强行维持一段合不来的婚姻。心智健全、情绪稳定的单亲父母，比一对吵闹不休的父母，对孩子来说好 20 倍还多。兴许某天，社会能够达到某种理性高度，禁止无法和睦相处的父母在一起生活，因为他们对孩子 —— 这些未来公民的影响，可太糟糕了。"

"关于离婚原因的庭审上，你打算怎么做呢？"法官先生问道。

"反正不是现在法庭上那种调查，"我尖锐地回答。"我赞成斯堪的纳维亚人对离婚的态度，那就是只要任意一方提出，立刻批准离婚，不必考虑丝毫的负罪感。我处理过成千上万的婚姻问题，这辈子从没见过三角关系问题。这是一种幻想。除非婚姻本身发生严重问题，没有哪个男女会平白无故地转向第三者。真爱是个闭环。只要它存在，无人能够进入。"

"我想知道，你有没有想过，离婚问题对女人的影响很大。生理上讲，男人进出婚姻付出的代价很小，在这种情况下，社会自然努力让情况较为公平。婚姻法就是为了这个目的。"法官说话时声音很坚定。

"我完全同意。但我们可不仅仅只活在生理层面 —— 像个动物，如果可以这么说的话。我们有头脑，作为人来说，离婚还是个心理层面的事。正如你所说，女人需要受到保护，但如果一个讨厌她的丈夫，心怀愤懑，还被强行留在婚姻里，她可不会得到多少保护。"

"戒律约束呢？"法官插话说。

"戒律！你想让年轻人转向自由的性关系，沉溺到滥交中吗？"

"不，当然不是。"

"那就放弃把婚姻描绘成一段无望的、不快乐的关系，就为了儿童的成长和社会的安定，任由人们在里面常年受罪。你知道那些疯狂的年轻人为何做出那么多的放纵行径吗？"

"不知道。"法官大人似乎看上去很好奇。

"就因为那些宣扬婚姻是一种责任，该为了家庭神圣而放弃自我的人。他们毁掉了在婚姻中实现浪漫爱情和性满足的想法，让年轻人开始讨厌婚姻。我希望爱情能在婚姻里归位。直到欧洲黑暗时代后，婚姻才被神圣化，这是历史事实——直到社会和宗教最黑暗的时期，才把爱神圣化。而我想让它们归于原位。"

"真不打算探寻是什么让这对夫妻离婚？就这么直接答应？"

"不，我不会立刻同意。至少，在我发现影响他们关系的心理机制前，我不会立刻同意。你听过恋母情结与自卑情结吗？"

"当然，"法官烦躁地说，"这年头谁不知道呢？"

"嗯，一个男人总是把妻子和母亲做比较，还希望她事事都依照母亲的榜样，这就是恋母情结。他心理有问题，自己却意识不到这一点。女人也是这样，一个女人的性本能，倘若被礼教压制，或者受专横的父亲影响，那情况也是一样。至于自卑情结、过度敏感等情况，也足以毁掉任何一段婚姻。"

"即使那些天造地设的伴侣？"法官质疑道。

"是的，即使那些看上去还挺幸福的极端案例。有一回，我不得不重新介绍一对夫妻，让他们真正认识对方，尽管他们在同一个屋檐下生活了12年。男的有恋母情结，充满优越感。女的则从小被父亲打压，因为自卑感而自我贬低。由于双方的心理问题，他们其实一点都不了解对方。这些心理情结控制着我们，我们就不是自己了，也不会依照本性行事。人们总是会用他人陷入的处境，去批判对方。"

"这不是很自然吗？"

"不，不是。它很无知。如果你的儿子患了麻疹，你会仅仅把他视作一个患有麻疹的男孩吗？"

"不会。"法官笑了。

"嗯，我也不会以此看待一个患有某种情结的人，就像我不会因为你感冒，就觉得你有爱擤鼻涕的习惯。我会把一个人的人格和他的不幸区别看待。这种方式，我也会让面临离婚的夫妇尝试一下，看看这种不幸是不是心理层面的。"

"如果他们发现就是这样呢？该怎么办？"

"如果他们很穷，我会介绍他们去公立诊所，如果他们还富裕，我会建议他们找找专家，治疗一下心理异常的问题。试着努力一年，如果失败了，我会赞成他们离婚。我告诉你，经过这样的程序，我们的离婚案会少得多，还会多很多幸福的婚姻。"

> 爱，
>
> 比起人类渺小的自我，
>
> 更像是潮汐与闪电。

案例 38　红玫瑰与白玫瑰

有些问题，别人不该贸然给出建议，如果你给了建议，反而是冒犯别人的健全心智。事实上，临床心理学存在一条重要原则：向病患解释事情的起因，而不是告知对方该怎么做。智慧可不是强逼出来的。

玛莎陷入了两难困境，难题中的难题。她爱上了一个已婚男人。"他结婚了，真令人绝望。"她说，这在她看来，简直就是死路一条。

她该怎么做呢？她的家庭作风非常严格，祖祖辈辈都行得正站得直。五月的一个下午，玛莎再也受不了了，她觉得该一锤子解决烦恼。她该和唐纳德私奔吗？这事她似乎只能和贝蒂讨论了。贝蒂嘴巴很严，人也忠诚可靠。

"我没法回答你的问题，玛莎，"贝蒂坚定地看着她，"我甚至没法告诉你，如果是我自己会怎么做。美国许多女性都面对过一样的问题。她们完全是根据自己的想法，找出解决问题的方式。"

"你是说你帮不了我？"

"无论是我还是别人，让你去找那个男人，或者告诉你别去，最后你都会恨我们的。不管怎样，如果我说你不该去，你会去得更坚定，如果我认为你该去，你反而会比以往更自我怀疑。人生重大问题上，别人的建议都只会让自己更困惑。"

"那么，我得自己一个人想清楚了？"

贝蒂点点头："如果你是真的好好想，别让欲望摧毁你的判断，好好展望一下未来，你很快就知道该怎么做的。这是个好问题，能让你探索自己的价值观，知道自己目前情感的深度，不是吗？"

"我爱他。"玛莎简单地说。

"我知道，亲爱的，但爱有很多种。如果你才 16 岁，而他是一个高中生，那你倒是不必费力思考，不用去想明白你的爱有多真诚。"

这里又是一个关于新道德的论述，比那些鸡零狗碎的陈腔滥调更重要的疑问：何为至善？一个人欲望的本质是什么？一份爱能有多深？

总而言之，玛莎这个问题的答案就是：绝不自我妥协。如果爱要你自我妥协，那就不是爱，而是欲望。而她的答案，同样系于绝不自我满足。亲密关系的真相，藏在每个真实行动中。有爱的地方才会有真诚。诚挚的爱与生命的力量是一体的。

倘若玛莎心里早已有自己的答案，那么贝蒂确实可以不必告诉她具体做什么，而是用一些方法帮她形成自己的结论。她能够看出来，她的朋友对自己的存在"伤害了另一个女人"有多不安。她也可以帮助玛莎跳出框架，不用执着于为已发生的事负责。她还可以帮她明白，她爱的那个男人如果仅凭"道德的意志"，是无法让妻子获得幸福的。从没听说能通过强迫自己或例行公事，来让爱变得真实：在爱上面做出牺牲，对任何人都没有好处。

我们对爱了解得不够多，只知道它是一种渴望，生发于我们内心，然后传递于外。我们生出怜悯心，也是因为有了能激发我们怜悯的生活经验。慷慨也是如此。而**否定自身感受**

的人，最终也会夺走周围所有人的权利和希望。你只有寻求光明，才能把光明带给其他能感受到的人。

除非对方能回应你，否则你无法让任何人感到快乐。除非他能接受，否则无论你做什么，他都无法从你的付出里感到欢欣。你也无法带走任何人的痛苦，除非他已准备好摆脱痛苦，倘若没有，你过度热情的关怀还会伤害到他。

总有一天，我们会知道，自我牺牲是迈向掠夺型人生的第一步。

永远不要偷走别人的苦难，还把这种偷窃视为美德。夺走他人所需要的生活教训，就像夺走他的面包一样。痛苦本就属于该被痛苦净化的人。悲伤能够洗涤灵魂。从一个人的生命里夺走困难，就是灵魂上的入室抢劫。

那么，玛莎的责任就只是忠于自己。如果她的爱是真的，这就够了。如果神就是爱，她的奉献就是一种真正的奉献，这不是错误的。

在我们关于爱的信条中，存在着一些可怕的东西——这种信条反对真正的信仰，充斥着欲望——我们或许可以说，爱要么一团混沌，要么存在秩序。如果它是混沌的，就无所谓邪恶，不存在什么道德基础，我们没什么理由不可以成为野蛮人。如果它是道德的，是神圣的，符合宇宙秩序的，那么它在一个人身上是对的，在另一个人身上也不会是错的。

如果玛莎和唐纳德之间的爱是真的，那么玛莎就不会因为爱上另一个女人的丈夫，甚至夺走她的丈夫而伤害到这个女人。玛莎是在把她的情敌从半生的生活诅咒里解救出来。

因此，当贝蒂说出"这是个好问题，能让你探索自己的价值观……不是吗？"时，她点出了问题中心。唯有知道这份爱的本质，才能解决玛莎的困境。

这件事的另一面，就完全是痛苦的写照。几个月前，伊莎贝尔就知道了她的丈夫对玛莎的感情，也完全知道且理解他变心的原因。她和唐纳德之间出现了问题，这些问题早在玛莎出现在他生命中之前，就已经缓慢成型。

她在心里承认了这一事实。但大多数时候，痛苦的啃噬和汹涌的嫉妒让她忘记了这一点。她恨"小三"的存在，恨她活在这世上，这种恨吞噬着她的身体。

人类最疯狂的妄想，就是觉得是自己选择了自己的经历，是自己创造了自己的性格。事情发生后，恰如我们自己从母胎中被挤出，都是大自然的力量。性格和命运都是自然的杰作。她给了我们爱和恨，嫉妒和尊崇。我们所能做的，只是选择跟随哪一种冲动的力量。

和玛莎一样，伊莎贝尔的问题也在于如何诚实面对自己，如何用优雅和力量迎接生命的挑战。她可以用仇恨填满自己，赶走最后一丝残存的爱，她也可以让报复性的嫉妒吞噬自己心中对亲密关系的最后一丝信任。或者她可以寻求更好的、更高的解决困境的方法，而她选择了更好的方式，这足以说明她内心获得了平和。

"我的婚姻早已病入膏肓，这是发生这种事的唯一原因，"她告诉自己，"我愿意尽我所能来做得更好。我会接受这种痛苦，把它作为生命的警告，提醒自己，若我想保住婚姻，我必须为了爱而努力。倘若在这份婚姻里，爱情早已有名无实，我会让爱情变成现实。我不能让嫉妒影响我的行动。无论我感到多愤怒、多嫉妒，不管我心里有多少报复情绪，我都不会让它影响我说的话、主宰我的决定——我知道这些会带来毁灭。我不会让它毁了我的。"

严格地检视了自己内心的野蛮倾向之后，她获得了指引，知道了自己在当下情境应如何采取行动。"我的嫉妒心驱使我做什么，我就做相反的事。"她这样决定。因此，她没有被自己的原始冲动驱使，反而决定做玛莎的朋友。她结识了玛莎，与她交好，她们变得相当亲密——那段令人不安的浪漫关系也消失了。

面对这种情况，倘若能拿出健全而坚定的精神，那就成功了六成。如果这场外遇无非是逢场作戏，那它注定失败。如果这是一场无心之失，丈夫和"第三者"最终都会发现这一点。如果这是个严重问题，三个人都会发现它是多么深刻、多么真实，那最明智的做法就是跟随真实——以体面的方式。

总有新关系取代旧关系的例子，因为总是有婚姻关系按照宇宙法则而言，并不真实。而新的关系，它可能是，也可能不是。

在这整个困境中，我们正在或应该处理的，是人类最底层的冲动。爱可不像有些人期望的那么简单，那么容易摆弄。爱这玩意儿，把它关进监牢，它就死了；限制它，它就转化为恨；强迫它，它就消失。你无法要求自己去爱，甚至无法控制它。你能做的，只是引导它自现其真实。它来或去，取决于我们敞开生活邀请它，还是将它拒之门外。

现在我们都知道，吸引力法则与排斥法则，正如万有引力一样绝对存在。有些人和事会引发和谐的反应，而另一些只会激起敌意。这不是好坏对错的问题，而是激起同情或激起厌恶的问题。当激起的是喜爱，你就会继续做出回应，而如果是讨厌，那就不会。这在于你和另一个人是否产生共鸣。

我们可能破坏爱的举动，带来悲伤和痛苦。我们可能无视爱的原则，活在孤独当中。我们也可能跟随爱的表达，指引爱的表达，让自己获得幸福。**爱，比起人类渺小的自我，更像是潮汐与闪电。**

我们或许会得到爱，也能明白激情的深刻。或许会限制爱的流动，让它变成残缺不全的存在。也或许会误解爱的力量，将其扭曲为性欲和掠夺的渴望。**爱不为人类所占有。爱的到来与消逝，这让人欢欣或绝望的到来与消逝，正如生命的到来与消逝一般自然。**人们一次又一次，试图让自己凌驾于自然之上，但当我们直面生命的力量，我们才会意识到自己的渺小。

这就是为什么，我们可以令婚姻具有法律效力，但却无法通过这种方式约束爱。没有爱，或失去爱的婚姻，对任何人来说，都远比孤身一人来得可怕。

成功处理这种情况，比生活中的任何其他问题都更依赖于完全遵守人性基本法则。倘若身处爱的困境，还要自我妥协，就会丧失所有内心的平和。倘若处在这样的环境里，还要沉溺于自我满足，用愤怒威胁别人，你的麻烦就会堆积成山。只有比以往任何时候都坚持合作精神，寻求互帮互助，婚姻才会有希望。

归根结底，婚姻双方都是作为自由平等的个体进入婚姻的。如果他们希望保持自由平等，就不该有侵略式的依附。我们放下自身期望，真实才会浮出水面——这是我们真正需要寻找的东西。

这个故事告诉我们的，不是在这种情况下该如何选择，而是每个人在服从生命的意志的情况下该怎么做。真正明智而无私的人，不会屈服于任何他人的愿望而放弃自己，而是会自己找到最适合的行动方针，并予以遵行。

> 随着争吵愈演愈烈，
>
> 两人明明都觉得丢脸，厌恶起了自己，
>
> 但是却表现得越来越像是恨透了对方。

案例 39　如何正确吵架

你就是太好欺负了

　　故事发生在度假山庄，路易丝和她的祖母一起去的，她的未婚夫迈克尔也跟他们一起。迈克尔想带路易丝去野餐，但她不想去，她想参加当地的舞会。他们两个人都理由充分，也都不想停下来听听对方的意见，更别说接受意见了。两人都急于贯彻实施自己的观点，根本听不进去对方说什么。

　　不仅如此，当他们争吵时，两个人都喜欢用"行吧——但是"来打断对方，滔滔不绝地说出自己根本没想好且充满偏见的想法。迈克尔列举了一堆理由，说他们该去野餐，然而，却没说他真正想去野餐的原因，就是他妈也会去，是他妈想见他。

　　路易丝感觉到了他妈妈在这里的影响，但是她不敢提这一点，所以她故作兴奋地提到，有一个巨富的投资家也会来舞会，迈克尔应该去见见。这让迈克尔醋意大发，他说他根本不想见什么巨富。路易丝于是断言，他根本不想在这世道上出人头地，不想让她过上好日子，然后，冲突爆发了。

　　他俩都自我、高傲、不公平、不坦白，还不诚实。随着争吵愈演愈烈，两人明明都觉得丢脸，厌恶起了自己，但是却表现得越来越像是恨透了对方。遇到这种情况该怎么办？请看以下七条基本规则。

有效争吵的 7 种方法

1. 停下来，保持沉默，倾听对方说话，直到对方请你发言。

2. 提出协议：每个人都有固定发言时间——5 分钟或 15 分钟。在这段时间里，另一个人只负责倾听，不必回应一个字。只在轮到自己的时间里，充分说出自己想说的话。

3. 试着把所有你不想提及、不敢面对的原因都带到明面上，即使你不敢去面对，不想去提。

4. 无论是说还是听的时候，都尽可能保持客观。

5. 给双方设定回应对方观点的时间，同样，在此期间不准打断对方。

6. 倘若做完这些，还有争议未能解决，分开一小时，静静沉思，但不要陷入忧思。

7. 独自一人时，写下对方所有的观点，尽可能诚实地考量它们。

　　幸运的是，路易丝的奶奶是一个充满智慧的女人，而且她喜欢迈克尔，就和喜欢路易丝是一样的。在他们争吵最激烈时，这个年轻男人忽然想到，这位老妇人可能是一个好盟友。路易丝同样同意和她聊聊，她有信心，自己的奶奶肯定会帮自己。

　　但奶奶非常明智。她知道只有傻瓜才会介入争吵，更别提进去搅和了。"你们分开想想，"她说，"然后分开来找我。如果你们都愿意先告诉我你们在这次讨论中错在哪里，我就愿意帮助你们俩。"

我们倒不必更详细地描述，她是怎么温和地引导这两个年轻的自私者，让他们看到自己在试图操控对方。我们也不必一一细说，她如何让他们发现，没有什么比关系和谐更为重要的了。

"为什么没有第三个方案呢？"她建议说，"如果你们一起去航海，不也挺好玩的吗？"

"没什么比这更好了。"迈克尔同意道，暗自庆幸他不必屈服于母亲或路易丝。

"我觉得这挺好的。"路易丝同意道，对结果也很高兴。

不执着于讨论答案，选取第三条路这条原则，就是明智的新的适应之道。记住这一点，这是无价的解决争议的法宝。

然而，事情又不仅仅是这样，当你独自一人时，请尽量思考，**看看你是否犯了以下错误**。你是否：

- 拒绝给对方时间表达他的观点？
- 对方在某些方面已经说服了你，但你拒绝承认？
- 沉浸在以牙还牙里？
- 一旦占下风，就把无关的事牵扯进来？
- 某些想法激怒了你，就对其大肆挑毛病，还拒绝讲理？
- 因为压制不了的愤怒而口不择言，然后靠着滔滔不绝来掩饰自己的失言？
- 还没想清楚自己的想法，就先把它说出来了？

重要的是，记住，你自己也不可能看清方方面面。如果你想要显得聪明，却像一只跳蚤一般，死守在一个观点上蹦跶，讨论完一个还得再来一个，那么明明一小时就能学会的东西，你还得浪费数年。

养成习惯对自己说："好吧，那么，事实究竟是什么呢？"重新整理思绪。对自己的观点进行"是－非"分析。大多数时候，说出口的话语之下，往往隐藏着潜在的动机和暗含的动力，而它们欺骗了我们每个人，也带来了大部分的沟通困难。

例如，迈克尔是个普普通通的男青年，但他总喜欢和别人争吵，因为他哥哥总取笑他，养成了他爱敌对的性格。露易丝有一些恐惧，她的确不乐意去山上野餐，因为她讨厌高高的悬崖。若能诚实地自我面对，在充满爱的共情中进行深刻的分析，找到真正的原因，事情会发生巨大的改变。

很多时候，在大多数争吵中，我们都是将自己神经质的价值观投射到亲密对象身上，因为我们自己心理上的失败而指责对方，用陈词滥调来掩盖问题。

一些常见的责备模式很值得一说。以下一些情况是**我们会指责或被人指责的原因：**

- 因为你不同意对方的看法，或者对方不同意你的看法。
- 因为坚持信念。
- 因为冒犯了腐朽的道德观。
- 因为未讲明的想法。

- 因为原始的冲动。
- 因为一时半晌的"做不到"。
- 因为自己的实践水平，自己的思考速度。
- 因为天性和兴趣不同。
- 因为深信不疑的原则。
- 因为天性就是如此。
- 因为必须再仔细多想想。
- 因为你们的需求不同。
- 因为内心的渴望。
- 因为能力参差不齐。
- 因为不幸的事和后果。
- 因为想满足你的自尊心，觉得除了自己所有人都有错。

对爱争论的人来说，无风起浪也很正常，他们同样也赢不着什么。列出 15 次你们争吵的结果，你觉得这种胜利有什么意义吗？

为何不学着通过让步赢得胜利呢？以下是建议：

- 厘清自己的目的，坚持将它设为目标。
- 忽视每一个不会危及论点的无用挑衅。
- 放弃所有细枝末节。
- 对自己愿意让步的地方，始终保持交流。
- 不断地回到能让自己愿意让步的初衷上。
- 先不要提起自己最根本的目标，忍住，等待时机。

同时，任何争论里，你越安静，就越有力量。**以下这些事请直接忽略，根本不值得为之烦恼：**

- 大多数的批评与责备。
- 人们的偶然失误。
- 所有轻蔑，不管有意与否。
- 无知导致的所有行为。
- 无能导致的所有行为。
- 神经质的人做出的行为。
- 不耐烦的时候给出的建议。
- 擅自加在你身上的义务。
- 所有没人能避免的错误。
- 绝大多数由性格差异导致的后果。
- 生活中无法避免的损失。
- 人的不完美。
- 人生就是充满烦恼，你们争论的情形也是其中一种。

任何情况下，都可以中止讨论，让自己放松一下。这是一位英格兰农场主的原则，不妨参考一下：

- 要说就说点友好、有趣的事。
- 用最舒适的方式坐着，别让自己难受。
- 做些善意的小动作。
- 坐下来，感受天空辽阔。
- 别觉得自己很重要，也不必总是充满防备。

老话说得好："赢了争论，输了朋友。"你没办法用说服的方式，逼同伴配合你。我们或许可以这样解释——你赢了争论，却最终输掉了目标。当你让争吵背离初衷，也就失去了自己所追寻的目标。当争执又臭又长，胜利者只会被消耗殆尽，几乎没心情去实践自己所追求的。

一个微笑胜过一连串责备。它比打击更有力量。当笑声在争执中响起，满是复仇的气氛也会发生一些变化。面对欢乐，恨意只会变得困惑且笨拙。学会用笑声扫走敌意。辩论和填字游戏都是娱乐，就试着用同样的角度看待争执，教自己把任何一场辩论都当成游戏。让谈话保持轻松，充满幽默与宽容。当跟你交谈的人开始人身攻击、失去耐性，那就先离开。离开和发怒都是个人问题，理应交给个人解决。

说到底，只要不自我放纵，沉浸在自我满足里，你就不会陷入争吵。然后，除非拒绝一切自我妥协，否则你永远无法保持冷静。只有我们学会如何在诚实地遵循个人冲动和建立互助关系之间取得平衡，理智跟合作精神才能维系下去。

"

学会时不时休息，

否则，

你没法奢望自己像一头驴一样保持

健康。

案例 40　学会休息

埃文斯皱着眉。这次面谈完全不合他的意。他最近神经紧张，趁这位著名的法国专家来美之际，向他寻求帮助。常年在纽约的风起云涌里，担任企业律师的工作，这让他吃尽了苦头。

"这活儿实在太难了，"他对妻子说，"长时间下来，没人能受得了。"

但当同样的话从那位知名医生嘴里说出来，他感到受了冒犯。他想要的是医生"纠正他的错误"，他就能继续"回归正轨"，过他那种违背自然的生活。但这位医生可不具有这种法术。

"我必须坚持下去，医生。"埃文斯解释道，"但我的神经全毁了。我根本睡不着。我的头晕乎乎的，我的心脏——"

"是的，是的，"医生点点头，"我非常明白。你们美国人生活节奏太快了，就跟四匹马往不同方向拉车似的——你的心脏也受不了这么跟着你的节奏乱窜。"

埃文斯迫使自己接受质疑："但是医生，这些年我一直把自己照顾得挺好的，我知道该怎么做。"

"哦，你所说的好好照顾，具体怎么做的呢？"医生质疑道。

"为啥这么问？我最近感冒挺严重，还有点儿便秘。加上一直感到很累，相当沮丧。所以我就尽量避免吹风，周日早晨好好躺在床上，我还定期通肠，如果流鼻涕了就吃点药。"

"那你的胃还好吗？"医生笑着问。

"但我吃了防止胃酸过多的东西啊。"埃文斯充满防御地辩解道。

"你用过水蛭疗法或者其他什么咒语吗？"医生温和地问。

"我干吗要这么做？"埃文斯咕哝着，似乎对下面要说什么有所预感。

"按你的说法，它们估计也会有用。你从不锻炼，身体像一个麻袋似的。你的肺活量从来都不足。你经常在外面待到深更半夜，然后觉得在家里躺一躺，就算是休息了。你就像朽木上的蘑菇一样。我想这样的话，一百年前的方式兴许真能对你有用——一百年前的哦。现在，你必须保持健康，补充适当的维生素，这才是现代的方式。你还得避免压力，让自己的神经得以放松，别把你的大脑给煮熟了。"

"把大脑煮熟？"

"是啊，见过慢慢被煮熟的鸡蛋吗？那些透明的部分慢慢变成白色，这就是凝固作用。当你变得筋疲力尽，血液里也没了氧气，大脑就开始凝固，然后你的精神就开始出现轻微错乱。"

埃文斯看到医生眼中精光闪烁，听着他的笑声，自己的焦虑一点儿也没减轻。"你是说我有时候会失去理智？"他紧张地问道。

"过度疲劳的时候，谁或多或少都会有点儿。但只要得到休息，这种蠢劲儿很快就会过去。你为什么要工作得这么辛苦？"

"我家需要钱。"

"那总熬夜在外面算怎么回事？"

"我老婆说，这是我们仅有的一起过的社交生活了。"

"你得让她知道你承担的压力。"

"我不能，医生。我不想那么自私。"

"那不是自私，那叫明智。你也说了，几年前你就累垮过。你这种持续伤害性的活法，不可能不损伤你的神经。"

换句话说，一个人不该玩牌到深夜，疯狂寻欢作乐，隔天上午再冲到办公室，精神高涨，努力工作，再像个活力十足的魔鬼一样开车返回乡下，在高速公路上跟死神抵死纠缠，再毫不节制地参与社交活动。突如其来的情绪失控，就有可能导致此人生活各方面分崩离析，他可没法奢望生活不会迎来崩溃。

一旦不再自我妥协，也就不必让自己精疲力竭。他会拒绝让自己活得那么紧张，也不会为了一时的自我满足，放任自己付出消耗身体的代价。真正有勇气的人，也懂得尊重自己的神经。

埃文斯确信，这个医生可以帮他，于是开始做运动，吃健康饮食，调整内分泌，同时也改变了自己的生活方式。医生还给了他一些保持健康的方法，下面是现代科学关于大脑疲劳的一些发现：

避免大脑疲劳的 5 种方法

1. 大脑疲劳是由大脑血液供应不足引起的，过分紧张会让身体像被止血带绑上了一样。停止过度努力、过度急躁、过度焦虑和过度适应外界，每次感到自己过度紧张，就深呼吸三分钟。

2. 这种症状产生，也是因为人们不愿意停下来，听从直觉和内心深处的判断的引导。要等一等，在行动前稍微等待一下，给自己时间思考。

3. 它同样是由冲突、目标混淆及观念对立导致的不安所引起的。停下来，将利弊列成清单，看看哪一面更为有利，然后照此来行动。

4. 它也和食物中的有害物质有关。吃饭时，细嚼慢咽。饭后也不要剧烈运动。

5. 这种症状，也是因为缺乏氧气引起的。当遇到难题，记得经常到窗前呼吸一下新鲜空气。大脑就像汽车马达一样，它离不开空气。

不过当你"无法休息"时，也别强迫自己休息。想想最能吸引你的东西。找出那些能让你舒适安心、物我两忘的方法，然后就去做。

如果你必须高速运转，就得设置红绿灯，避免在十字路口撞成一堆。给自己设置红绿灯，以 15 分钟为间隔最好。你可以伸伸懒腰，休息一分钟，养成这种习惯。

看过一匹好马或者一头聪明的驴子走小径吗？它们会时不时停下来，缓过气来，再继续前进。将这种做法也变成你的做法，学会时不时休息，否则，你没法奢望自己像一头驴一样保持健康。

"

为了晚上能睡个好觉，

记住，

白天被消耗的精力要少于你能生产的

精力。

案例41　保证睡眠的8种方法

杜斯顿太太睡不好。她"好几年没睡好了"。灯一熄，白天各种琐事就盘踞在她脑子里。

她的事似乎永远做不完。每天都得做饭，实在令人恼火。她想好好读些新书，但从来都没时间。她的头脑也变迟钝了。丈夫觉得她变得和她妈一样不可理喻——这说法真是毫不客气。

"但我总是很累，乔治，"妻子跟他说，"要做的事太多了，我根本没法专心。"

"能做就做，不能做就放在一边。"乔治咕哝道。

"我不过是尽我的责任啊。我可不想跟塔格太太一样，你想吃她煮的那种晚饭吗？"

"我不！"乔治被吸引住注意力，大声喊出来，"但这不意味着，你在梦里也得做饭吧。"

"但每个细节都得留意啊。"他的妻子叹气说。

"我的生意不也是吗？"乔治质疑道，"假设，我们这件事上花半小时，那件事上花半小时，我们得变成啥样？"

"说的是，但你的生意，是有分类系统之类的东西组织管理的。"

"你也组织组织你的生活吧。你都几个月没碰你的钢琴了。你做的很多事，其实根本没必要。"

"我就放着屋子，让它脏着吗？"杜斯顿太太喊道，带着女性特有的惊恐。

"不是，但我也不想让你变成奴隶。还是要有点儿规划吧。"

杜斯顿太太采纳了这个建议，惊讶地发现她混乱无序的

"自我牺牲"，根本毫无必要。更让她吃惊的是，她开始能好好入睡了。

如果她能秉持绝不自我妥协的信念，她就不会让琐碎的家务影响自己的人生。现在，许多家庭妇女都被这种自我迫害的妄想困扰，把承担过度责任当成一种自我满足，沉浸在因疲惫和失眠导致的不健康生活中。

被失眠困扰的人其实是生病了——精神上的疾病。他们大多都是虚假无私的受害者，多数都被剥夺了必要的休息。良好而舒适的睡眠能让人恢复精神，是一种很必要的心理修复。

最近的睡眠研究告诉我们，身体放松下来，修复的不仅仅是身体，在沉睡状态中，心理机能也会得到修复。神秘主义者向我们保证，在睡眠中，灵魂与"另一个世界"保持连接，并通过天然的能量持续流入，而得到滋养。不管怎么说，深度睡眠对成功至关重要。这是最原始的本能，是最基本的自私。

除非你容易入睡，又睡得很好，否则，你上床入睡前可能需要一套仪式。在我巡回演讲期间，我白天辛苦地演讲，晚上还不得不在火车上睡觉。如果我无法入睡，我还能坚持多久呢？

我让自己学着变成一个火车睡眠专家。如果我的方法在吵闹的卧铺里都能有效，那在你柔软的床上，它们大概也能让你进入熟睡。

如果你觉得难以入睡，试试以下方法里的三到四种，如果还是难，那就五到六种。如果你是一个慢性失眠患者，就全都用上。如果你完全采纳，我还没听说过谁会失败。

保证睡眠的 8 种方法

1. **喝杯热饮**。市场上宣传的助眠产品，都不如一杯热牛奶效果好。你没想过睡眠和牛奶之前的关系吗？"哎呀，亲爱的宝贝，你的奶已经喝完了，乖乖上床吧，妈妈唱催眠曲给你听。"当你喝热牛奶时，你就在重温快活的童年里熟悉的模式。

2. **按摩**。从头部开始，按摩自己的头皮。用手指按压颈椎底部。接着按摩颈部，试着用拉动头部的方式拉伸。不要太急，不要太用力，轻轻地拉，只用一只手放在后脑勺。然后按摩肩膀。现在，揉揉肚子，摇摇你的胃，就像摇一个旧袋子一样，当你这样做的时候，想象胃液晃动的样子。有睡意了吗？如果有，就停下来去睡觉。如果没有，那就双手握拳，放在背部凹陷处，上下移动放松脊柱。然后揉揉臀部和大腿，再然后是疲惫的双脚。

3. **呼气，打哈欠练习**。入睡时，婴儿会咯咯作声、发笑、喃喃自语、唱歌。鸟儿会低鸣，除了人类之外的所有动物，都会做类似的事。开始有规律地呼气。然后打哈欠。时不时为自己荒谬的紧张感发发笑。感受一下床铺，多舒服呀。更多地呼气。再叹一口气。张开嘴巴，打哈欠，就像要一直咧到耳朵一样。如果你没法自动打哈欠，那就有意识地让自己这么做。

4. **伸展和转身运动**。向各个方向做伸展和扭转。胸部贴在床上趴着，用膝盖力量左右翻转。然后翻身仰面躺着，再伸展一下。扭动全身，踢踢双脚。如果你已经结婚，两个人一起睡，那就先躺到床上做扭转拉伸，直到神经完全放松，然后告诉你的伴侣，你会安静下来。

5. **温柔地按压眼部**。十分轻柔地按压双眼——当然，先合上眼帘。按压眼球，直到它们感觉到你手指的重量。然后，十分缓慢地增加压力，按摩整个眼部。

6. **做个美梦**。如果你已经有一个非常吸引你的梦境，那就用这个梦，如果没有，就挑出一个你能想到的最沉静、最松弛、最甜美、最懒散的梦中宝地吧，例如月夜的南海海滩，兴许，想象身临其境，幻想着你会有什么感受，浮在海面上，闻着花香……梦中剩下的场景就是你自己的事了，这可是隐私，然后，每晚就用这同一个梦入眠吧。"春闺梦里人"可从来都不会失眠。不要觉得自己睡不着，这根本是胡说八道。拥有美梦，也无惧拥有一些无伤大雅的小快乐，你就可以入眠。

7. **深呼吸**。倘若在昏昏沉沉的海面漂浮了一段时间，依旧无法入眠，那就开始深呼吸；用鼻子做又长又慢的呼吸。当然也无须太长，只是像睡着了一样深沉即可，听起来像海浪拍打着沙滩。卧听海浪，听，听，听——直到你像个孩子一样入眠。

下一个练习，只提供给那些老顽固、爱和人辩论的家伙、喜欢证明别人的方法行不通的人。当然，他们得是出于自愿使用这些方法。

8. **精神性耳聋**。创造一种心理图景，想象自己耳聋了。深入自己的头脑深处，对自己说："我已挂掉电话。我已关掉收音机。我什么都听不见了。"重复这个过程，让自己沉浸其中。每晚都做这个练习，连续30天。别指望在第一个不眠之夜就能生效，因为倘若你的潜意识拒绝入眠，需要设置纪律来克服它。当然，大概一个月后，你就能学会"闭上耳朵"，安然入睡。

为了晚上能睡个好觉，记住，白天被消耗的精力要少于你能生产的精力。保持足够的精力储备。别通过艰苦奋斗累死自己，那可不是你的责任。能让你这么做的只有那种愚蠢的无私。身体健康破产了，可比银行被抢空了更糟糕。

坚持在入睡前，抹除脑中一切烦恼和空想。如果问题没解决，就直接去书房坐着，直到想清楚了为止。在床上辗转反侧就跟尿床一样幼稚。精神和身体一样，都需要被"好好管理"。

"

如果医生前脚离开，

后脚家里就乱成一锅粥，

像个使人忧郁的山洞，

那他开的药也没什么机会起作用。

案例 42　疾病与心态

以下摘自一名医生的来信：

当前公众需要了解一件事，就是功能性与器质性疾病之间有所区别。然而，人们总是混淆这两者的区别，这倒不令人吃惊，因为就算是医生，很多人对这两者之间的关系也并不是真正了解。

在真正的神经和腺体失调导致的疾病与纯粹精神原因引发的症状之间，存在一条重要的分界线。精神状态潜移默化地塑造身体状态，因而，很多时候，良好的精神状态远比良药更为重要。过去家庭医生的种种有效治疗，有很多值得说道说道。他们与病人相识多年，由于这样深刻的了解，他们可以精准地指出引起病人所患疾病的原因。

不止于此，当他们带着友善的微笑和乐观的态度走到病床前，做着那熟悉的看诊步骤时，本身就带给了病人勇气和信心。我们可能会嘲笑信仰能治愈一切疾病那种说法，但倘若治疗里清除掉亲切慰问和友善建议的力量，我们的医学效力至少得减少一半。无论机器多高效，无论主治医师的经验有多丰富，信心的力量都是无可取代的。

这些话对任何关心身体健康问题的人都很重要，无论他关心的是自己还是家人的健康。任何人都不应该低估现代医学创造的奇迹，也不该轻视医疗仪器的长足发展给我们的健康带来的保护，但对这位明智的医生清晰提出的观点，我们确实应该重视。

当家里有人生病，你的愿望就是战胜它，但你需要应对的是怎样的情形呢？你的一言一行又会对病人产生什么样的影响？每个医生都见过数百个这样的案例：一群医生辛辛苦苦治病，而一个神经紧张又歇斯底里的家庭成员就能让人病情加重，让他们的努力付诸东流。所以，让那些三姑六婆走得越远越好。

多年来，从我跟国内诸多优秀医生的接触来看，我必须警告你，**倘若有人生病，要避免做出以下错误行为：**

- 不要拒绝专家的建议，别等为时已晚才疯狂寻求帮助。
- 别接受那些疯狂的疗法，再等疗法失败后谴责整个医疗系统。
- 不要相信那些关于疾病的愚蠢迷信，直到现在，还有很多古老而愚蠢的迷信存在。
- 不要忘记在生病时保持生理卫生，远比在健康时更为重要。在这一点上，病人吃的是什么往往起决定因素。这方面，你的医生知道的比厨师多得多。
- 良好的心态和正确的身体保健方法同等重要。如果医生前脚离开，后脚家里就乱成一锅粥，像个使人忧郁的山洞，那他开的药也没什么机会起作用。
- 多数身体疾病，都有心理和情绪的因素，那些被称为功能性疾病的尤其如此。过去所谓的"神经衰弱"、结肠炎以及其他诸多此类疾病，其治愈都在很大程度上取决于心理状态——听医生的话，把这些话放在心上，这跟吃药一样重要。

- 如果医生告诉你，你的症状绝大程度上取决于疑病症，别为此生气然后换个医生。成千上万的人是因内心恐惧和消极态度才一直生病的。
- 确保自己生病不是为了引起他人的注意。这在美国已经成了普遍现象。

想象一下这幅画面：玛丽因结肠炎卧床不起，万斯医生正在和玛丽的妈妈斯汤顿谈话，试图让她了解，她再迎合这位年轻女性的自怜情绪和控制欲，只会让玛丽继续病下去。万斯医生强调，玛丽总是习惯去想那些让她不开心的事，她的状态已经出了问题。

"没记错的话，你姐姐是基督教科学派？"他试探性地发问。

"是啊，为什么这么问？"

"我在想，你可以把你女儿送去那儿一段时间。"医生机灵地答道。

"哎呀，万斯医生，这主意真不错！"斯汤顿吃惊地问，"不过为什么要这么做呢？"

"这样，她就可以受一些从不觉得自己有病的人的影响。我倒是不否认细菌问题，或者其他一切致病因素的影响，但我确实希望，能在你身上看到你姐姐那种乐观态度。"

这是健康问题中的一个重要方面。找出自己对哪些食物过敏，但不要沉溺于这种情绪。调整自己的便秘情况，但也别把它看得太重。竭尽全力消除你的痛苦，但也别活在对它的恐惧里。仔细应对传染病，但也别为它恐慌。

如果生病的是你自己，那就为康复而勇敢斗争。向医生请教十种让自己放松、冷静、保持乐观的态度的方法。请医生帮助你，把注意力集中在恢复健康的步骤上。通常来说，如果你向医生表达你求知的意愿，医生告诉你的会比你需要知道的还要多。

心灵对身体、身体对心灵的影响都很重要。生病的时候，别因为担心任何事、任何人而让自己病情加重。那是你该放手的时候了。疾病会让人情绪低落，别因此觉得自己是个悲伤的人。别表现得太消沉，你的抑郁至少能减少一半。

理智而平静地跟自己对话，通过自我暗示，让自己走上变好的路，并且学会看见自己不断变得更好。战胜任何疾病的唯一方法就是健康的态度。找出方法来增强斗志，打倒自己的弱点，自己在哪儿，就让哪儿充满欢乐。

记住，当别人生病时，负面的同情就是毒药。别谈论任何有关疾病的事，至少在他面前，更不要谈论他的情况有多么危险，多么令人悲伤。

当面对的是器质性疾病，无论由损伤、感染、传染或细菌所引起，还是神经与腺体引起的功能性病变，这一点也同样重要。信念、坚强，再加一点点欢笑，任何疾病都能好一半。

还有一个奇怪的事实，就是那些特别渴望有所成就的人很少生病。可能是因为他们与生命之间的关系非常健康，这种关系保护了他们。当一个人十分看重自己的目标，往往较少自我妥协。他没有时间去通过生病获得自我满足。

> **"**
>
> 为了追求财富而失去自我，
>
> 是最糟糕的自我满足。

案例 43　为钱发愁

几年前，能模仿鸟叫的伟大艺术家查尔斯·凯洛格做了一个巧妙的实验，证明人们在意识里就是以金钱为中心的。他坚信我们每个人只会听到注意力所关注的东西，忽略了许多与我们无关的声音。于是他在嘈杂的大街旁边的人行道上，扔了一枚一角硬币，行人站住了，一动不动，用双眼寻找着硬币。然而他自己却在别人根本听不到的情况下，在嘈杂的车声里面，听到了角落里蟋蟀的唧啾声。

当一个人告诉你他在为钱忧虑，他表达的并不是字面意思，他不过是担心他无法承担他想购买的东西。如果他确信自己的购买力，这个烦恼就会轻快地离他而去。

我们想象一下这种情况：你操劳过度，患了感冒，浑身难受地躺在那儿，实在是睡不着，躺在床上就跟躺在花岗岩上一样。你试着睡觉，但眼睛根本闭不上。你看着桌子上的信封。

"账单，账单，"你怒吼着，"他们怎么连一个生病的人都不放过？"

你躺在那儿，思考着维持生活所需的成本，这就是你在做的事，你的日常工作乏善可陈。老阿宾顿医生当然可以轻松地说，你得休息，如果你不休息，你绝对得肺炎。哦，马上就会从阿宾顿医生那里收到新账单了。生病躺在这儿，让你损失了100美元的医疗费，和诸多本该工作的时间。

似乎正是为了打断你的抱怨，阿宾顿医生下午又来查房了。给你测了脉搏，量了体温，这种大惊小怪的事让你更加愤怒。不过今天下午，阿宾顿医生倒是没有直接离开，他坐了下来。

"你有什么特别的要求，诸如葬礼安排之类的吗，孩子？"他问道。

你吓了一大跳，坐了起来："你觉得我好不起来了吗，医生？"

"恰好相反，不幸的是，你好得太快了，太快了，这对你未来的健康没什么好处，所以我想跟你谈谈。如果你能在这儿待上几周，你还能被迫休息一下，但是事实上，估计不到一天，你就要回到那种高速运转的生活。但是你这样下去，估计是活不长的。你得慢下来。为啥不让你的年轻同事承担更多工作呢？"

"对，顺便也让他们赚我那份钱。医生，我这病吧，有一半儿都是因金钱压力。看看那些账单，我必须得还啊，但我不知道怎么还。"

"你也不知道怎么生活，这才是真正的麻烦。你花的钱至少是你真正所需的两倍。"

"这话跟米莉说，行吗？"你哼了一声。

"我才不，跟她说是你自己的事，但除非你能做得聪明点儿，否则就别说。这不是米莉的错，归根结底还是你自己的问题。"

老医生足足聊了将近一个小时 —— 你有多少预算？怎么管家才能在经济上获得最大收益？对于生活支出，你的孩子知道多少？为了控制不必要的支出，每个家庭成员分别承担什么责任？他发现，你对这些问题都十分抗拒。

"这些事牵扯到你的自尊心，"他坚持说，"你不想把你的财务状况整顿好，因为你觉得伤自尊，你宁愿让自己大手大脚的，然后再为之烦恼。但这可不是生活之道。美国人总这样，许多人因为这个英年早逝。我不是建议你变成守财奴，虽然那种方法比你现在这样要好些。我只是建议，你既然担心财务问题，就做点什么来解决金钱问题。如果不是你迟早要死于压力，这倒也不关我什么事。事实上，我给你的建议，可比吃药要好得多。家庭是民主的，至少也该是民主的。我不过是叫你理智点儿、聪明点儿，去运用一些你早已烂熟于心的方法。听着，再给你一条建议，如果你不接受，我就不管了，让你自己毁了自己好了。你愿意叫上妻子和孩子，跟你一起开个家庭会议吗？好好谈谈，讨论一下家庭开销还有你的健康问题？"

"把我的麻烦都推到家人身上？这听起来很自私。"你反对道。

"好吧，**如果这是自私，那也比无私地死去，留下他们孤苦伶仃的要好点儿吧？**"

"你觉得我该怎么安排呢？"

"听起来，你似乎不知道你想不想这么做。不过我还是回答你吧。等你们全都围着桌子坐下，让家庭里每个人找张纸，列出自己每个月的必要开支。"

"小孩子也要列吗？"

"干吗不呢？如果你不给他们机会，他们从哪儿学会收支这个概念？然后，把你们四个人的清单放在一起，按重要程度排序，划掉最后十项，现阶段你们可能负担不来，或者，你们也可以展开讨论，看看哪些项目是比较重要的，就此开展家庭投票。"

　　我知道很多这个计划成功运行的例子。如果我们国家要保持民主，那自治的方法，应该从我们自己家里开始。不少当妻子的、当孩子的，对家庭收入毫无了解。而十有八九，开放式讨论可以改善这一局面，改变他们的想法，甚至也能影响一家之主的态度，帮他更成功地平衡收入和支出。

　　只要家庭里每个人的开支不超过你收入的 1/4，你就可以做好预算，无须为财务担忧。我们就不用像奴隶一样生活在恐惧里，或者像害怕野蛮人打进来一样。文明社会里，"狼来了"已经沦为一种比喻，但对于追在身后的财务恐慌，我们还没有摆脱。

　　许多医生都知道，美国人对金钱的狂热是导致普遍高血压的一大原因。我们对财富如此渴求，让这种疾病无处不在。而正因这种欲望，我们或多或少丧失了生活的艺术——我们创造了虚假的标准，剥夺了自己的安宁和闲暇。

　　有一点是肯定的，倘若我们为了获得金钱而自我妥协，金钱就会变成一种祸害。事实上，为了追求财富而失去自我，是最糟糕的自我满足。

"

　　担心投资，就说明你的投资分配不合理。

案例 44　　财务问题

我的暖气炉工人是个意大利人。曾有几个月，他和他的妻儿都靠替我清理暖炉的微薄收入过活。现在，他们日子好过多了。

我还有一个邻居，他经营着一家大公司。他花钱大手大脚，但赚的总是比花的多。他妥善考虑了自己的积蓄问题。

至于你我，我们抱怨着必须承担的税金，感觉所有东西都在涨价，时刻担心哪天自己的收入无法负担现在的生活方式。我们必须得保护好自己的存款。

曾经，我觉得最好是向"专业"理财顾问寻求建议。我向一位保守的银行家咨询，他建议我买几只股票。作为一个谨慎的人，我还问了一家大型信托公司的投资顾问，他也提出了同样的建议。然后，我又向一个在证券交易所工作的私人朋友打听，他对这一建议表示肯定。现在我手里有600股这种股票，每股也就值两美分。

但若问我对投资的建议，我首先会说："永远不要接受银行家、投资顾问或经纪人的建议。"你可以问他们，但一定要从实干者的角度做决策。过往八年，我在无数人——包括我自己的亲身经历里面，不断验证这一点。这话可真是掷地有声。成天在手里过钱的人，脑子里除了钱就没别的。这可不是好的理财之道。

钱可不是票子本身，它始终代表着其他意义。你得想想，它代表着什么。我们确实在经历社会变迁，劳动纠纷在不断增加。

兴许，你在银行那位保守的财务顾问不相信世事无常，但事实就是如此，无常就对了。

那，在你的问题上，关键是什么呢？——有效的自私？当然，如果你指的是好好运用你的头脑。

常见投资形态有以下六种：

1. 房地产。

2. 商品和食品。

3. 存钱和买保险。

4. 股票债券。

5. 私营企业。

6. 政府债券。

安置金钱，也有以下三种方法：

1. 投机型：赚取差价。

2. 冒险型：全都拿去投资。

3. 稳定型：长期储蓄。

选择哪种方式，取决于对你来说保护措施有多重要。想想彼得·鲍林在他的投资策略上做的调整。他过去常在市场里打滚，并不是喜欢冒险，不过是想趁着产品价格上扬的时候赚一笔。他一直如此做，直到市场崩溃。

现在彼得·鲍林改变了方式。他觉得，投资方式该和一个人的收入，他担负的责任，国家大环境和产业稳定性相互适应协调。所以他现在：

1. 在低税地区投资了一小处不动产。
2. 在低价时储存了一些食品和货物，以防涨价。
3. 在银行里存了点钱。
4. 买了些保守股。
5. 在一家经营方式稳健的私企里投了点钱。
6. 持有少量政府债券。

结果如何？他的焦虑感显著降低，然后在公司里明显表现得更好了，结果，他在公司的收入还上涨了。

几年前，一位财务顾问说：**"担心投资，就说明你的投资分配不合理。"** 金玉良言啊！如果你为自己的储蓄担心，那你该认识到，这是因为你的投资分配不够明智。你的投资方式多样化也许做得不错，但这对你保持稳定的精神状态，可未必同样有好处。有人可能会给你好的建议，但适不适合你，还得看你自己。理性上同意固然重要，但内心无意识的需求也得协调一下。

你得有意调整，才能避免你的投资策略让你精神更紧张。一半的夫妻争吵，相当一部分父母的困境，都来自经济压力带来的神经紧张。好好看看！承认吧！然后找个时间好好思考财务问题。把你的恐惧拿出来，看看它们，跟你爱的人聊聊。然后再收好这些恐惧，不要让它们渗入你们的亲密生活。

跟几个朋友谈谈他们在金钱上的困扰，仔细研究这方面的信息，听他们的失败经验，直到自己要听吐了为止。当你到达那个饱和点，就把注意力转向自己的行动中。

很多情况下，消除紧张的方法就在于放下关注点，向另一方向着力。丹·斯特林就放弃了想着别人欠他的钱，他对自己说：**"为这些事烦恼对我可没好处，还不如想想怎么帮我的债务人还钱给我。"**

他制订了计划，在他看来，这些计划能帮欠他钱最多的那些人逐渐过好日子。第一个是个二手家具商人，丹就推荐许多人去那间店，请他们带着自己的名片去照顾生意。第二个人是个农夫，丹的安排是让自己住在城里的朋友直接向他购买鸡蛋。第三个是个音乐教师，丹介绍了学生过去。他说，他竭尽所能帮这些债务人还自己的钱。大约一年时间，这些债就都收回来了。

只有让我们的生活变得更好的投资，才叫有了回报。那些不轻易自我妥协的人，才不会轻易浪费自己的收入。寻求财富，怕的是禁不起诱惑，在奢侈的自我满足里消耗掉实现自身能力的抱负。而当你能和财富携手合作，财富就会站在你这边。自助者，天助之。

>> 没有一个坚持追寻自身兴趣、

磨炼才智、让自己专注、追求职业发

展的人，

该被判定为人生失败。

案例 45　怎样走向成功

在错误的任务上摔跟头，其实是件好事。要不是我们幸运地试错了，就会一直为这件破事当牛做马。所以如果你觉得自己再也无法继续做这件不适合你的事了，那么请带着喜悦和感激之情看待。

每当你看到一个懒懒散散，看上去没进取心，没精神头的年轻人时，别觉得他一定是个软弱的人。你自己面对根本不适合你的任务时，也会疲惫啊！无聊就像是一种警告，告诉我们，不该继续这种日子了。

你会说，啊对对对，没错，这是个好理论啊，但人得工作才有口饭吃吧，得吃饭才能活着吧。诚然，在一个伪文明的环境中，情况确实如此，基本不考虑一个人是否适合这份被扔进去的工作。他就像炮灰一样被扔进军队，或者被扔进劳务市场，根本不考虑他的天性。如果他失败了，那就算他不行。这种老调子现在还在反复弹。

谁雇佣你，都是出于自私的动机，你为他创造的价值，一定比他付给你的薪水值钱。你越是主动、机警、高效、有活力，那你就越和这份工作绑在一起。所以在找工作时，问问自己："我是更想要工作，还是更想要活出自己的人生？目前条件下，我能同时拥有这两者吗？"这个问题，就是工作是否适合你的问题。

人分两种：一种人是工作者，另一种人认为自己需要这份工作。工作者会努力令自己不可或缺。而需要工作的人，不过是寻求自身地位。这倒不是否认这里面没有社会不公的影响，而仅仅是在排除掉经济因素的情况下对工作者进行分类。

这种情况对有些人来说就很艰难，不是因为他们放任自我，或者懒惰，而是因为他们的特殊天赋。然而，无论一个人多不寻常、多独特，他终要做出抉择：是想要工作，还是想要追求自我。如果寻求稳定，他就得想尽办法、不计代价，根据经济需要调整自己的外在行为，同时还得保持自己的信念不变、内在完整。我可以白天搬八小时砖，晚上依旧能做点儿对社会有益的事，只要我自己乐意，连着几个晚上都行。我可以上着班，同时保有自我——我不是非要掉进被污染的环境，变得人云亦云，或者变得像个银行家一样贪婪。

然后，无论我做得怎么样，我都不会因为在我选择的领域里未能一展长才，转而跟社会较劲。当今社会，好运首先来自有效处理个性与社会的关系。

解决大多数失业问题的秘诀，在于以下四个方面：

1. 适应当前社会。

2. 拒绝妥协，保持自己内心的观点与信念，并且持续努力，让信念力量持续增加。

3. 无论做什么工作，都全力以赴，令自己不可或缺，让社会需要你的价值。

4. 发展副业，或不以赚钱为目标的爱好，这是一个出口，不仅可以包容你的不安，你的创造力，而且可以借由能力提升，逐步帮你获得更好的社会环境和经济条件。

若以上诸阶段的努力没能得以有效平衡，人们适应不良，或者过度适应，就容易迎来失败。只要基于社会习惯，认为妥协不可避免，就容易继续受其影响而自我扭曲。这种精神贫血的受害者将在世上自感毫无价值，活得跌跌撞撞，步履蹒跚。

诺伯特对自己的未来，长期以来都感到困惑、不确定。他不知道该怎么办。所有人都把"这是个好机会""那里还有空缺"挂在嘴边，但诺伯特表示怀疑。他总是失败，已经不愿意相信任何事了。然而，有几件关于他的事倒是很确定：他是个喜欢说话，喜欢跟别人来往的年轻人，他爱到处走动，朝九晚五对他来说可不容易，千变万化、多姿多彩的生活对他来说不可或缺，他爸爸就总为他不守常规而指责他。

诺伯特咨询过一位职业指导顾问。顾问建议，他拟定职业计划时，该把他的好恶也考虑在内，这样，或许能帮他找到更能让他适应的生活方式。

"让我想想，"专家若有所思地说，"你不会墨守成规，还挺喜欢没完没了地争论。这是个线索，说明你希望说服别人，倾向于传播。你喜欢跟各式各样的人见面的兴奋和热闹。现在，我们想象一下把这些用在你的职业上，这不挺好的吗？"

"当然，但我也得谋生啊。"

"那如果带着目的去和人聊天，乐趣会变少？"顾问继续问道。

"咋会呢？我得说，这意味着在对话中，我可以面临更大的挑战。"

"那就好。那你看，你喜欢说服别人、教育别人，你喜欢带着目的和使命这么做，所以，你从没想过去卖保险？"

"不，从来没想过。"

"行吧，让我们想想，这个职业可是完美契合了你的性格特点。你何不在脑子里想象一下，你每天做这项工作的生活。每天晚上都想想这个画面，想一段时间，这能帮你分辨，这项工作是否适合你爱到处跑、喜欢和人交谈的爱好。"

有三种人容易为职业问题困扰：还在上学的年轻人，想要为找到称心如意的工作做好准备；有人已经毕业了，但仍然不知道该做什么；还有诺伯特这样的成年人，曾经为了糊口，做着一份不适合自己的活计。

解决这三种情形的主要原则在于：**让工作适应人，而非让人适应工作。**事实上，这是唯一可行之道。

如今，几乎每所大学都能提供测验来测定你的能力倾向。离你最近的大学的心理学系，就能告诉你如何测试。

就像写自传那样，描述一下你未来十年打算怎么过。当然，人无法仅通过渴望来实现未来，但渴望自有其魔力。也因此，知道自己想要什么，明确自己的目标，似乎可以引发连锁反应。总之先把它写下来——不仅仅写下愿望，也写下如何克服命运阻挠的打算。

有件事是确定的：没有一个坚持追寻自身兴趣、磨炼才智、让自己专注、追求职业发展的人该被判定为人生失败，即使他一时没找到工作，也不能说他是失败的。做好赢的准备，你就绝不会输。

可以想象一下你在临终前审视自己的人生，你问自己："如果我能再活一次，那什么才算重要？"在临终时重逾千钧之物，在此刻也是一样。

尽快去买一本威廉·詹姆斯写的《论生命的储备》（*On Vital Reserves*）一书，读上十遍，特别是好好研究一下他所说的如何重整旗鼓这一部分。然后训练自己养成习惯，倘若第一次努力不成功，就坚持下去，直到东山再起。

以下评估指标并非就业指导，而是系统性思维的范例：

100%——天才	40%——略逊于平均
90%——很强	30%——稍弱
80%——强	20%——弱
70%——稍强	10%——很弱
60%——略优于平均	0%——无
50%——平均	

请根据下表所列的天赋或兴趣，记录自己的百分比，将主要天赋整合起来，即可发现你的能力所在。

偏好趋势分析

数学 ____%	化学 ____%
医学 ____%	电气 ____%
政治 ____%	宗教 ____%
军事 ____%	教育 ____%
社会 ____%	商业 ____%
机械 ____%	文学 ____%

诗歌 ____%	农业 ____%
艺术 ____%	戏剧 ____%
建筑 ____%	家政 ____%
科学 ____%	心理 ____%
法律 ____%	评论 ____%
音乐 ____%	工艺 ____%

将其中最重要的五种禀赋列在这里：

范例：布朗的五种天赋与才能

戏剧 90%

文学 80%

心理 80%

艺术 70%

评论 90%

整体能力倾向：戏剧批评 82%

这只是关于职业能力平衡的简单举例。事实上，常见职业有 500 多种，细分下来要几千种。以上 24 种，仅仅只是粗略描述一下职业倾向。

"

只有在犯下错误后，

仍对自己有信心，

才能从过去的错误中吸取教训。

案例 46　怎样接受失败

你有没有注意到，那些被内心悔恨所困的人，其实没去做任何事以偿还亏欠生活的债，他们只是继续让自己扮演着毁灭者。只要我们的社会伦理依旧维护他们这种掠夺性的行为，他们就会这么干一辈子。

我是想说，悔恨总会使人感到抑郁、沉重而消极。它摧毁人动起来的能力，阻碍人们合作的力量。因此，它是一种彻底的邪恶。当它带来的阴郁是为了自我满足，它导致的歉意不过是自虐时，那它实在没有存在的借口。

因此，我们得学会接受自己犯错。木已成舟，以新的态度自我接纳，会带来奇迹般的改变。

四年前的克拉拉很少微笑，悲伤弥漫在她眼中。罪恶感如影随形，像刺刀一样不断刺她的良心，它们一直在心里哀号，令她困惑，令她以为自己一直在犯错。

这种方式，只会导致疯狂和越来越多的失败。而害怕失败，又会带来更多的失败。更多失败又导致更大的内疚。**相信自己遭遇的苦难都是惩罚，会摧毁一切勇气和力量。**

有一点可以肯定，如果你始终为犯错而感到羞耻，就无法改正错误。那些暗暗觉得自己是神的人，一出了事就懊恼不已——我可是圣人，全知全能，行止当然应该完美。然而，我们其他人都知道人是多么容易犯错，我们一直在重复犯下错误再耐心纠正的过程。

地狱会存于记忆中。在悔恨旋涡中，为想做的事不敢去做而悔恨，要比在努力中犯错而痛苦更为糟糕。无论结果如何，勇往直前的奋斗所带来的力量，都能给予我们保护。

现在的麻烦就够糟的了，为何还要背负过去的痛苦呢？然而，当你为自己的问题烦闷不已时，你就已经在这样做了。有些人身上背负的重担足足有半个世纪的重量，又为这些重担咒骂每一个新鲜的日子。有些人将时间浪费在谴责自己的一时冲动上，从每一个困境搜集苦果。

以下列举**我们最常犯的一些错误**：

- 从不停下来想想自己真正想要的是什么。
- 害怕说出自己的目标。
- 匆忙采取行动，从不停下来"感受"一下自己的行为。
- 毫无行动，根本不敢前进。
- 为犯下的第一个小错误惊慌失措，就像要天塌地陷似的。
- 因忽视事情全貌而不停地担忧。
- 变得情绪化，总是人身攻击、对人不对事。
- 被责任的幻象所迷惑。
- 由于对问题难度的恐惧，又进一步夸大了困难。
- 出于自己的视角扭曲当下现实。
- 注意力集中在麻烦上，而非集中在攻克麻烦上。
- 错过了冒险——征服困难的冒险所带来的喜悦。

若想成功，犯错误在所难免。没人能不犯错误就能取得光辉成就。得满分，那是愚人的理想。倘若你不敢挑战现实，现实就会来挑战你。别被出师不利打倒。知道采取行动很重要，就抓住机会，一动不动可比轻率行动更糟糕。有种失败叫想太多、想太久，在和人交往里尤其如此。**犹豫不决的人只会被他人支配。**

秘诀就在于行动。思而不行则殆。毕竟，如果你从不犯错，你也就没法纠错，当你想在漫长的人生竞争中取得胜利，你就得遵守普遍法则。那些胜则骄、败则馁的人，很快就会被人生的起伏晃晕脑子。**当一帆风顺时，记得收敛锋芒，把这些锋芒留在困境时用。**掌握好这个平衡，方可奔向成功。

若你因自己在无私方面做得不够而感到羞愧，你很可能会陷入死循环，闷闷不乐地躺在床上，想着自己的问题，却从没停下来仔细分析事情的每个细节，直到理解整件事。我们只有在犯下错误后，仍对自己有信心，才能从过去的错误中吸取教训。如果你犯下了错误后只为自己的不完美而羞耻，就无法从中吸取教训，让自己变得更好。以后，一旦自卑这只跳蚤又咬你一口，你就会趴在过去的污点之上起不来，然后重蹈覆辙。

在这种自我羞辱的情况下，你也很容易习惯贬低他人。我们还会将自卑投射到亲密伴侣身上。除非我们懂得放下，否则这一错误将令我们永远受苦。永远别因自己的所作所为而把负罪感投放到别人身上。注意这一点，因为每个人都喜欢把责备传递出去，把不安放入别人心中。

从某种意义上说，这个通常被我们忽视的，隐藏在失败下的习惯，是一个影响恶劣的错误。请注意，这种错误常隐藏在以下事项中。

72 种容易导致失败的行为（勾选）

- ☐ 强迫别人
- ☐ 让他人感到内疚
- ☐ 推卸责任
- ☐ 剥削他人
- ☐ 盲目自信
- ☐ 不让别人表达自己
- ☐ 试图用大嗓门说服别人
- ☐ 对别人还没表达完的观点挑三拣四
- ☐ 不愿意合作
- ☐ 给爱人带来太大负担
- ☐ 态度轻蔑地表达想法
- ☐ 开始胡言乱语
- ☐ 觉得别人都是任性的
- ☐ 以貌取人
- ☐ 不尊重自己的孩子
- ☐ 闹到别人不得不阻止你
- ☐ 哪壶不开提哪壶
- ☐ 承担过多责任
- ☐ 过于独裁专断
- ☐ 用施压吓唬别人
- ☐ 僵化的道德观

- ☐ 觉得问题存在就会永远存在
- ☐ 给自己的偏见包上正义的外衣
- ☐ 想替别人决定别人的生活
- ☐ 寻找替罪羊
- ☐ 想通过生孩子挽救婚姻
- ☐ 指摘别人的传统
- ☐ 成为一个"凑合活着"的人
- ☐ 害怕去体验生活
- ☐ 失去冒险的动力
- ☐ 过于重视结果
- ☐ 被失望情绪打倒
- ☐ 陷在糟糕的工作里，觉得它总会变好的
- ☐ 靠运气
- ☐ 不留后路
- ☐ 不做任何计划
- ☐ 长时间忍受外界环境
- ☐ 利用血缘剥削亲人
- ☐ 用金钱标准衡量别人
- ☐ 把配偶当成"财产"
- ☐ 对伴侣不礼貌
- ☐ 在争论中发脾气
- ☐ 对同事居高临下
- ☐ 试图成为人群中的焦点

- ☐ 不自我解释而又期望别人理解
- ☐ 在女人面前自带优越感
- ☐ 像妈妈似的照顾男人
- ☐ 用自己的恐惧影响孩子
- ☐ 因受到伤害而实行报复
- ☐ 傲慢且不坦率
- ☐ 不思考原因就接受建议
- ☐ 拘泥于字面意思，只在乎逻辑
- ☐ 一点幽默感也没有
- ☐ 受人辖制而心烦意乱
- ☐ 不知何时该偃旗息鼓
- ☐ 试图面面俱到
- ☐ 注意力不集中，看不到问题重点
- ☐ 对事情总有特定预期
- ☐ 觉得人都是文明的
- ☐ 坚信社会的习俗与标准
- ☐ 觉得理想就该被理解
- ☐ 以生命当下的表现去评判生命
- ☐ 认为命运不可违逆
- ☐ 在该采取行动的时候没能采取行动
- ☐ 不敢扭转局势
- ☐ 任由事情恶化，演变成危机
- ☐ 无法集中于核心目标

> ☐ 忽略事物发展的趋势
> ☐ 抗拒已发生的事
> ☐ 不在乎即将发生的事
> ☐ 事还没做成前就掰着手指头数成果
> ☐ 让一开始的失败绊住自己

在清单里找找自己的缺点，或者干脆让伴侣替我们勾选（然后我们也替他们选）——只有这样，才能体现这份常见失败清单的价值。很多人一旦意识到了自己的失败，就感到自尊受挫，感到陷入困境，继而觉得被冒犯，开始发火。他们会表现得好像是别人的愚蠢造成了这种情况。在这种情绪下，他们不愿给同伴沟通机会，也不愿看清问题并找到解决方式。只有那些不纠结于受损的自尊，立刻去理清事情利弊的人，才能快速赢得他人的帮助，并调整自己。

你可以列出你犯错的原因，拿它们跟更好的行动方式比一比，事实总会不言自明。无论如何，放下你的恐惧，放下你的愤怒，它们什么好事也带不来。

这就是成功处理问题的基本态度，因为克服困难的第一步，往往就是放弃自己的抗拒——你的抗拒就是你需要克服的事。大多数人都会犯这样的错误：把注意力集中在问题本身上，而不想着解决问题。问问你自己吧："为啥会有这些麻烦？是为了让自己心烦吗？还是我需要通过克服它们让自己更成熟？"事情发生，自有其因。

你可以数一数，以往的困难教会了你什么，这样你就会相信这一事实。问问你自己，你是否愿意放弃它们带给你的成长，再看看你能否从当下痛苦里获得成长。另外，记住以下列表中的所有要点，对你会极有帮助。

战胜困境的 10 种思维

1. 别抗拒问题。麻烦无时不在，对谁都一样。

2. 善待造成你困难的人。温柔地接受，能软化最沉重的冲击。

3. 尽快熟悉问题。熟悉会带来洞察。

4. 试着从令你烦心的经历中发现你要学习的东西。

5. 成长就是痛并快乐着。许多困境永远不会被克服，但它们最终会过去的。

6. 试着思考自己的处境有多有趣、多浪漫，甚至多令人欢愉。

7. 问问自己，真如自己所预想得那样心烦吗？

8. 试着找到窘境里幽默的一面，幽默无处不在。

9. 坚持尝试跟那些带来困境的人与事做朋友，让他们帮助你。

10. 无论发生什么，记住：善意不可战胜。

> 当我们懂得用愤怒对抗懦弱，
>
> 勇气就会随之而来。

案例 47　应对危机的方法

处理危机只有一个有效方法：坦然面对，正面迎击。其他任何涉及妥协的方法，如逃避，或采取权宜之计以退缩，其本质都是失败。灾难可无法通过转身逃避就得以幸免。

很多年前，一群人遭遇一场危机。他们当中的一个，帕特里克·亨利[①]，他知道坚定的心会带来力量，他大喊出来："倘若我们不齐心协力，一定会被一一击溃。"亨利懂得做决策的原则是什么。几年后，有一位船长，约翰·保罗·琼斯[②]在海上遇到胁迫，被要求交出船只。他没有放弃这场战斗，而是密切观察风向，掉头闪入敌人驱逐舰的舰尾，从安全位置直逼敌人的船。琼斯知道经由充分考虑后快速做出坚定的决策是多么重要。

历史记录了数百次这样的胜利——人类以全部力量和勇气，在危机情境下迅速采取行动。直到今天，人们仍普遍认为，此种精妙决策来自上天赋予的勇气。研究表明，事情可并非如此。鲁莽的勇气造成的失败，几乎与它带来的成功一样多。英雄绝不冲动行事，他总是有备而来。**歌德将天才定义为"能无尽地承担痛苦"**。倘若因无意之举得胜，我质疑这种胜利的伟大。偶然获胜绝非长久之道。

你会因为汉尼拔从比利牛斯山脉的后方偷袭意大利，打罗马人一个措手不及就觉得他不够勇敢吗？他带着全套装备，骑着大象穿越阿尔卑斯山，这可是历史上一桩非凡壮举——而他做出超出想象力的计划，再选择时机果断出击，都证明了他

[①]　苏格兰裔美国革命家、演说家。弗吉尼亚首任州长。在美国革命前夜的一次动员会上，以"不自由，毋宁死"的结束语闻名。——译者注

[②]　美国海军之父。——译者注

的英雄气概。

在当下科技主导的世界里，我们最伟大的"机器"——人脑——需要获得更多的尊重。我们必须重建对人脑能力的信心，并弄明白如何对大脑施加训练，让自己进一步征服环境。

你有没有质疑过自己的能力？例如，你在一次车祸中受伤，路过的车上走下来一个女人，她来帮助你，她温柔、迅速地包扎你的伤口。她是个护士。当她一边手指动得飞快，一边稳定自身情绪时，她是在为你服务，是在以自身力量为病患提供帮助。她自身能力的发展促成了这种无私举动。所以同样，当你认知、强化并运用自身的记忆时，当你释放、加速并厘清自身的想象时，当你发现、改进并使用自身的判断时，你就是在成为你自己，在为服务他人做好准备。

这样的利他主义，可不是自我牺牲，这是自我成就。那句了不起的名言："失掉生命者，方能得着生命。"这可不是草率地让自己的潜能付诸东流的意思。**美德不存在于善良之内，美德存在于实现善良的能力之中。**弱者无法持续对他人有益。你没办法既脆弱又行善事。

因此，生命的艺术就隐藏在如何保有活力中——如何发现并引导自己的活力，这是一项需要我们长期学习的任务。当婴儿时期，我们用充满活力的嗓门号啕大哭，获取想要的东西时，这一课就开始了。我们来到世界上的第一种认识——感知，让我们知道饿了、冷了、尿了。我们需要被满足。当意识到可以从父母、护士、家人那里获得帮助，自我便开始表达需求——这是正确的，在我们能自己帮到自己之前，这也是应该的。然后，我们的自我必须根据其他人的自我需求进行调适，这个漫长的学习课程也就开始了。

自我适应世界的这种调适是一种进化，也是渐进的觉醒。当我们朝着目标前进，我们必须知道真正能带来快乐的能力，就是让所有人获得与自己期待相符的自由。唯有如此，我们才能免于成为那个小小的自我主义者，也不再像个闹脾气的孩子。

应对危机的几个原则

停下来思考，然后敢于行动，让自己锋利如征服的剑。

你被赋予智慧，只有一个目的，就是运用它。生命中最大的秘密可以用一句话来形容：**学会聆听自己的想法**。抛开所有碍事的偏见和思想，不受昨日的羁绊。智慧系于由当前事实引发的新念头，系于当下的观察、聆听、触摸、推算。

不知道多少回，我们总是这样想：倘若这个或那个单一因素改变了，我们准能创造奇迹。确实如此，倘若舍弃个人习性，摆脱病态的自我中心，没准儿我们真能成功。处理危机的第一步，就是对自己下手。

对心智敏捷的人来说，到处都是预警信息。但对于刻板的人来说，警笛只是空响，轰鸣也毫无意义。他自以为务实，却不接地气；自以为注重效率，却无法了解事情背后的含义。

无数人寻求指引，但本质上只关心自己。万物中皆有指引，但自我中心者却无法看见。秘密很简单：褪去你的骄傲，就如摘下一副不合适的眼镜。现代科学打磨出的镜片，可比左眼迷信、右眼傲慢要好多了。这一点，我们成千上万年轻的愤世嫉俗者都得记着。对于最基本的生活艺术，那些自以为知道很多的人，就相当于一无所知。

做出调整也需要联系实际。你不该仅看人生表象，还应该观察生活，这就是为什么单单陷进事情表象的困扰里的人，无法真正掌控事态。那些仅看到事情本身，却无法掌握其意义的人，是最愚蠢的人。

懂得在事物中观察出预兆的人，方能引导事物走向自己想要的结果。真理不仅存于事实中，而且存在于事实的趋势、倾向、动态与演变中。生活从来不是一成不变的，昨日终会蜕变变成今日。动机在起作用，在推动事情向前发展。而成功，就取决于你面对这种变化如何应对。

古人劝我们三思而后行。今天我们还得补充一句：先感受，然后再思考。没有情感的智慧就没有力量。你可能对无数的理论进行了多年的推演，却丝毫没有用心感受过它们。而真正成功的人必须首先渴望成功，激情是目标的源动力。

没有目标的人虽生犹死，甚至还不如死了。太多漫无目的的聪明人徘徊在前进的道路上。别待在他们中间。去感受，再次感受，感受任何事。没有激情就不会有任何行动，它们实为一体。

是什么激起你对环境的愤怒？选择一些能叫醒你灵魂的点，不断地去刺激它们。但要学会：**坚毅的冷静来自成熟的激情**。幼稚的人发脾气，会攻击、争辩、气急败坏、喊叫不休，就像吵架的小孩子，全靠威胁和大嗓门。成熟的愤怒是平静的，如死亡般寂静，没有争吵的冲动，只余从容不迫的思考；它不欲多说什么，而是斟酌能做什么。**别滥用你的愤怒，善用它，以判断引导它，以智慧教化它**。同时，聆听它，聆听愤怒的声音，因为它知道该从何处进攻，又该如何变强。

每个人心里都住着一个英雄和一个懦夫，我们对哪一个都可以产生共鸣。我们与何者作伴，就决定了别人眼里的我们是什么样子。当我们懂得用愤怒对抗懦弱，勇气就会随之而来。

无论如何，别变成行尸走肉。我们都见过寡言而强大的人，有些人会被这种冷酷的庄严吸引，用冰冷的寒意抑制自己的感情。安静的努力和低调的成功，并不意味着摒弃快乐与微笑。

有些人会刻意摆出深思熟虑的样子，这种漫长的思考，完全就是作假。伪天才通过这种沉默的滑稽戏，让自己相信自己的聪明才智。而真正的判断力迅如闪电。把你的思考单位从小时变成秒。迟钝的圣人与愚者无异。

动动筋骨，让头脑也活跃起来。你的问题越严重，就越需要行动起来。永远不要坐着沉思。站起来，四处走走，舒展身体，进行几次深呼吸。车爬坡的时候可是需要更多汽油的。进行艰难思考的时候，大脑也需要更多血液。进行好的推算也需要好的身体机能。因此，别忘了，傻瓜才躺着不动还觉得自己在思考。你动起来的时候你的智慧也会动起来。

换句话说，要像聪明人那样动起来。如果你以自信的人为榜样，别人就会将你归为同类人。

这并不意味着你要跟着人群横冲直撞。数百万人虽整日奔忙，却如狒狒般漫无目的。你无法瞎晃悠着就通往智慧。无意义的行动和毫无目的是一回事。

因此，行动应该具有一个深思熟虑的目的。决定开始做一件事情，就好好观察它的发展，伴随着事物运转起来，生命自会赋予它创造性的活力。去开始吧，并把注意力倾注在上面——帮助事物实现其价值就是帮助自己。开始动手吧，赋予它你的注意力。去行动——就是去解决自己的问题。

卸下你身上背的重担，才能走得更远。

导致失败的 12 个原因

1. 相信金钱万能，觉得自己无法承担行动的代价。
2. 过去与现在的观念冲突，导致结论矛盾，这就跟让坟墓里的祖先影响自己的生活似的。
3. 为对立的策略感到困惑，举步不前。
4. 懦弱地觉得疾病是绝对的事，无法接受。
5. 误以为情况无法改变。
6. 面对困难习惯性屈服。
7. 因不同价值观产生理念冲突。
8. 快乐与成就原则互相抵触。
9. 在亲密关系里，在基本问题上互不相容，僵持不下。
10. 因立场相悖而人际关系紧张（你想这样，别人想那样）。
11. 错误地接受有害环境对自己的影响，导致裹足不前。
12. 因恐惧和道德焦虑而产生的阻碍。

永远不要任由事情整天困扰你，却不试着改变。

8 个错误观念

1. 认定对自己重要的事，对别人来说也一样重要。
2. 当自己受苦时，认定别人在这个环境中也会同样受苦。
3. 想象命运和整个世界都在跟自己做对，仿佛有"预谋"一般。
4. 觉得自己没有出路，没有答案。
5. 认为自己或他人都不该有自身权利或偏好。
6. 把自己当成宇宙中心——无论从重要性，还是从要人照顾的方面。
7. 觉得世界是文明的，而非仅仅以文明来粉饰的。
8. 认为真相总会被发现，黑就是黑，白就是白。

12 个容易给你带来麻烦的观念

1. 觉得世界欠自己一份好生活。
2. 认为世上有容易赚钱的法子。
3. 拒绝养成务实的工作习惯。
4. 因为纵情玩乐而让自己过度疲惫。
5. 觉得自己就是没办法踏实入睡。

6．将麻烦不断归咎于别人。

7．假设运道在跟自己作对。

8．试都不试，只是坐着等待好时机。

9．喜欢安逸，讨厌克服困难。

10．让别人主宰自己的人生。

11．承担别人的生活重担。

12．因爱欲诱惑而失去理智。

被误以为是自私的行为

1．自己选择职业。

2．自己选择结婚对象。

3．交自己的朋友。

4．确定自己的信仰。

5．找到最适合自己的环境。

6．自己决定如何使用自己的时间。

7．进行正常的娱乐。

8．保护自己的隐私。

9．确定什么是自己的责任。

10．自己衡量对错。

11．拒绝一切违心的妥协。

当然，光读这个列表没什么用，除非在其中，你能找到**触动你的东西，又愿意做些什么来改变自己所处的环境**。无论如何，你至少得识别这些问题，才能不让它们主宰你的生活。只要你愿意，就能做到；只要你能停下来认真思考，就能做到；只要你列出计划，细化完成改变需要的步骤，并选择方法执行，你就能做到。即使你行动不及时，没能避免麻烦，你仍然可以做一些事补救。记住，**每一天都意味着新的机会**。

事情已然发生了该怎么办？

1. 愿意承认自己犯了错误。
2. 认识到没人不会马失前蹄。
3. 想一想：倘若及时洞察先机，你会怎么做。
4. 在已发生的事和还能做的事之间，取得一个平衡。
5. 对计划进行调整，看看能做些什么来补救。
6. 执行——尽可能有效地执行计划。
7. 别期待达到完美结果。
8. 接受这一点：我需要比原来付出更多的毅力和耐心。
9. 别把你过去的犹豫不决归咎于被命运左右。
10. 发誓坚持下去，直到逐步改善整个环境。

赢得胜利的 8 种方法

1. 注意力集中在当下。
2. 尽己所能解决当下的困难。
3. 接受结果，如其所是。
4. 面对问题保持客观。
5. 听从直觉指引。
6. 让自己的智慧发挥作用。
7. 善用五感，保持观察。
8. 行动，始终保持主动。

面对困境的 12 点忠告

1. 问题越奇怪，就越要出奇制胜。
2. 解决极端困境，更需要激进手段。
3. 在亲身证明之前，不要假定问题不可战胜。
4. 生活中的问题，就像数学题一样也需要计算。
5. 找到最可靠的方式和最可靠的人。
6. 不要先假定对方是故意制造困难，甚至是存心针对你。
7. 不因无意的伤害责怪他人。

8. 别因为对事不对人，而放弃谴责坏事本身。

9. 无论问题指向的是谁，都直面真实。

10. 记住，你的邻居和家人都不是天使，我们都只是普通人。

11. 用面对患有身体疾病者的宽容心态，来面对患有心理疾病的人。

12. 大多数麻烦都由无知和误解造成。继续前进之前，先解决掉无知和误解。

解决问题的秘诀

熟悉问题的方方面面。设身处地地体验问题的每个方面，去看、去听、去触摸进入脑海的一切，让自己的想法浮现出来，甚至伸手可触，让脑中的对话戏剧般活现。

现在，在被自己具象化的这个环境里，去追寻事物各个部分之间的联系，看看其中一部分是如何影响另一部分，一个人是如何影响其他人的。

开始自由联想，让记忆材料自由浮动，并据此联想其他更为重要的点。然后对记忆进行理性的回顾，通过有控制、有逻辑的联想，从过往经验里获得指引。

然后组织这些材料，将之成体系化。

尝试提出实验性结论，对比得到的结论，你会找到你的答案。

除此之外，最重要的事就是，不要自欺欺人，以为将来再也不会出错。我们必须培养出更好的自己，以应对明天的任何困难。

叔叔："没事就借点儿钱，到期就还。"

侄子："为什么？"

叔叔："得让别人知道你有信用啊。
如果不这么做，别人怎么发现呢？"

案例 48　如何活得更轻松

　　处理所有问题时，有一条基本原则很容易被忽视，即：在下定决心以行动扭转局势之前，不要花太多时间漫无目的地想问题。医生诊断疾病、护士处理创伤、工程师解决机械故障，都是这样做的。只需直截了当地采取行动，例如叫救护车、开药、建立支撑点、放置支柱，而不是任由事态陷入混乱。

　　秉持这一伟大原则之后，紧跟着需要的科学精神就是接受事实，并保持对事实的客观态度。我们之所以喜欢看电影、读小说、读冒险故事、如痴如醉地看旅行纪录片，是因为我们想看别人是如何渡过难关的。

　　别在没有备选项的情况下做决定，也别在非必要的时候接受替代选项。但你可以一一列出备选方案，随时准备好，就像存在银行里准备好的钱一样。

　　练习处理麻烦，会让你变得明智。好好处理问题，不要转身就逃，这样才能学会解决问题。喋喋不休地抱怨可不会让我们或别人得到想要的帮助。活跃的头脑、实干的双手和紧闭的嘴，才能创造奇迹。假设自己的一连串行动，然后分析它们，细细地拆解这些行为。如果你能先挑出这些行为的弱点，那别人就失去了挑毛病的机会。

　　这让我想起我自己的保龄球技巧。每当我要说服别人解决问题时，我会要求他先想出至少九种解决问题的方式，然后就像打保龄球一样试图击倒它们。经历过这个撞击过程后，人们往往愿意相信自己确实拥有解决问题的能力。我会选择那种经历撞击到最后依旧屹立不倒的方法。在这个过程中我发现，那些看上去不怎么出彩的建议，反而更有用，而这个发现也帮我解决了更多的问题。

很多真相就像天空，它绵延于山川河流之上，却不移动群山一丝。而实践中得来的智慧，即使再微小，其效果也远胜于所有伟大的哲思。因此，处理困难时，我们必须务实地问自己："哪里出错了？为什么会出错？该如何纠正？"这才是运用智慧的方式。

"何时动手？从何处下手？谁能帮助我？"这是基本的方法。你只有知道自己想要什么，并在想要的和现有的东西之间设定阶梯式目标，才能够得到它。而伴随环境变化，你的需求也会随之发展。在任何特定阶段，我们能够拥有什么，都取决于我们面对变幻莫测的环境，能够拿出多少专注性、洞察力、技巧和坚持。

重要的是，不是知道几个有用的方法，而是养成有序思考的习惯。例如说，你想要获得满足吗？做一个平衡表，就可以帮到自己。

简化生活的 23 种技巧

1. 满足 – 烦恼平衡表

任何情形中，都有令你高兴，也有惹你发怒的事。你对它们的反应是非常主观但自然的。你喜欢的东西，别人可能不喜欢，那是他的自由。多数情况下，我们都能找到足够多的自己喜欢或讨厌的事。发现并选择能让自己满足的，不断增加它们就是了。然后，避开并抛下让自己烦心的，别让他们毁了自己的快乐。可能，你喜欢独处，而你丈夫喜欢人群，那让他拥有他的朋友，但要告诉他，别让他们进入你的独处空间。

2. 熟能生巧

一件事，你做的次数越多，就会觉得它越容易。而在困境里让你害怕的东西，你接触得越多，就会越不怕。

从令你烦恼的事情里面，选择一些你觉得最容易处理的，然后不断接触它，持续这么做，并逐步加深拓宽自己接触的难点的范围，这样循序渐进，就能克服最大的困难。

3. 远离心灵毒药

多数人的思想之所以被愚昧覆盖，是因为在未经思考的情况下，就接受了他人的影响。一旦遇到麻烦，总有人喜欢把毫无道理的废话灌进你耳朵里。因为能摆脱脑子里让人心烦的事，实在让人无比愉快，所以，当你问别人的想法，他们就会毫不犹豫地将自己的不快发泄出来。

为了远离这种心灵毒药，我们需要把自己经过深思熟虑的观点和别人的胡说八道分开。不要贸然听从乱七八糟的想法，除非你已根据实际经验检测过它们。

4. 领悟

大多数让人头痛的事，都来自混乱、执拗的思维。没有任何事实基础的理论，可以说是让无数人陷入困境的主因。

要经常停下来思考，你正在朝哪个方向走，正在做什么，又是谁造成了你当下的混乱，导致你像一只病猩猩一样乱撞。衡量自己的行为很简单，却很少有人这么做，然而要想明智地生活，这可是必不可少的。

5. 苏格拉底问答法

这位古希腊哲学家很招人烦，倒也不是一天到晚赖在你家的客人那种烦人，他会不断追问他人说出口的话，以期看清这段话里的真相。而对自己的想法，他也采取了同样的方式。

在你认为的经由你自己思考而得出的观点当中，其实真正由你自己思考出来的只占约30%，而另外70%则是各种心理活动的产物。你的欲望和真实信念，就像捉迷藏一样会隐藏自己。你必须找出隐藏的真相，否则无论是你自己还是其他人，都会被蒙在鼓里。

6. 好脑子不如烂笔头

也许你是个天才，如果是这样，这个建议倒不必要了。但是，如果你不是21世纪最聪明的人，就最好不要试着仅在脑子里思考问题，尤其是晚上 10 点之后就别思考任何问题了。

　　粗略地写下你所知道的所有事实，记下来就行，然后把它们按某种顺序排列，例如，不重要的事实列在一边，重要的事实列在另一边。做完这些之后，想象完全不同的其他五个人会如何描述你的困境，再以此重述你的困难。你选择的五个人需要包括你不喜欢的人，或者不赞同你的人。然后再利用脑子里形成的新观念和白纸黑字写下来的事实，来处理自己的问题。

7. 收集事实

　　大多数时候，问题处理不当，是因为还没充分了解事实就采取行动。养成习惯，列出所有已知要点，然后列出所有不确定的点，然后想出怎样获得所需的事实，再开始努力获取这些信息。当你知道所需的 60% 时，就着手去做吧，剩下的自会伴随你的行动浮出水面。

8. 获取更多事实

　　奇怪的是，很少有人记得，图书馆里有百科全书、大量参考文献、字典、地理志、教科书、图表和其他各种能帮助我们建立"现实思维"的书籍。

　　几年前，三个男人决定去一个遥远的州寻找家园。第一个人坐上了最快的火车，去而复返，他回来了，很失望，还花了 285 美元。第二个人整个夏天都在几个州之间晃荡，又困惑又拿不定主意。第三个人去了图书馆，阅读了地理资料、百科全书，研究了地图、气象报告和农业状况，还写信去该州询问详细信息。他在几天内学到的东西，比其他人多年四处游荡所能发现的还多。顺便说一下，那封信不过花了 1.87 美元。而我知道这件事，因为我就是第三个人。

9. 自由联想

每个人思维的美妙之处，就在于有启发性。我们的才智也许不是多么伟大的工具，但集思广益，也可产生巨大价值。

面对困难，普遍存在的四个错误是：

第一，冲动、不假思索的行动。

第二，追寻直觉或根本未经检验的"预感"。

第三，将合乎逻辑但不完善的想法直接落实。

第四，因害怕而根本不行动。

形成直观印象，让"预感"浮现出来，然后静静地、有逻辑地思考它们，这才是理智的思考。

10. 两相比较

人们会犯这样的错误，就是该全盘思考一个问题时，思考的方式却混乱无序。例如，一个女孩想要想明白，她最喜欢哪个男性朋友，以及为什么。她有没有做过系统的判断？例如，有没有把亨利的优点（想象力充分）和约翰的优点（创造力突出）放在一起进行比较？完全没有，她只是模模糊糊的同时想着他们俩。

当遇到问题，不确定要走哪条路时，列出每条行动路径中的相似要点，对之进行比较；然后，列出自己支持它和反对它的要素，据此做出决定。

11. 放弃的艺术

很多时候，我们在人生旅途里背负了太多重担，抱着我们不再需要的东西不肯撒手。当我们遇到麻烦，请把所有不必要的东西降至能满足自己的最低标准。想一想哪些价值你能放弃，哪些努力已不再重要。我认识一个女性朋友，她因为没有结婚而很不开心；等她放弃了自己是"大龄剩女"这种想法，再看看一些朋友的婚姻都是什么样子，她的烦恼就消失了。

12. 活性因子

每个问题里，都有一件事、一个人或者一种环境，是引发这个麻烦，让麻烦持续下去的原因，它就是这件事的活性因子。它是我们始终必须弄清的重要因素。如果你能发现并击溃它，你就能把握这个问题。

战争的活性因子，通常是经济上的贪婪。如果人们能意识到这一点，并坚决处理这个问题，世上就不会有战争。滋生麻烦的并非仇恨，而是人们的愚蠢和懒惰。

13. 七步思考法

在思考任何问题时，你都应遵循以下重要步骤：

第一，考虑整体情况，收集整理事实和影响。

第二，寻找导致这一情况的原因或力量。

第三，尝试找出特定问题中的共通性原则。

第四，记下并评估处于相似困境的人的情况。

第五，列出与此事相关的地点和事件。

第六，标明是什么给当下的环境、人与事带来最重要的影响。

第七，决定在何时采取行动。

14. 灵活做事

世上没有完美的答案，没有彻底的解决方案，没有不受损失的全胜，没有不含邪恶的善良，也没有未经失败的成功。你不可能总是对的，这超出了人的局限。你只能做到自己能力范围内的最好，取对错之间的一个相对值。有时，你必须刻意犯一些小错以避免大错，或者作一些小恶以实现大善。例如，靠哄骗自己的爸爸来嫁给所爱的人，总比害怕欺骗而不和他在一起好得多。

15. 从生活里收获更多

多数人在思考生活、思考困境时，最终都会选择妥协的方式，因为他们希望自己能平衡所有的机会和风险。然而，这么做肯定无法成功。在一张纸上列出你的需求，在另一张纸上列出自己所受的限制，两张表都不要修改。然后拿出第三张纸，明确列出"投资收益平衡"——在考虑过所有不利条件后，你认为本季度你能达到多少目标，再列出计划，如何每年提高收益比。

16. 灵活借用

很多时候，什么事都自己动手，用自己的双手双脚、力气和言语来做，还是挺蠢的。现代的方法，是让设备来为你做事。正如你无需用双手在花园里挖土，可以用犁。同样，你也可以使用类似工具完成更多个人目标。

很久以前，一个富翁的侄子要搬去中西部生活。"没事就借点儿钱，到期就还。"他叔叔建议道。"为什么？"侄子问。"得让别人知道你有信用啊。如果不这么做，别人怎么发现呢？ ”

17. "仿佛"的哲学

行为的方式，会改变一个人感受和思维的方向。我们会为自己的行为找理由，会为了达成目标而下定决心。倘若你的行为像个混蛋，你也很快就会觉得自己是个混蛋。而冷静的态度和坚定的行为，同样会感染自己，你很快就可以变得沉着思考，勇敢执行。给自己制定一个人格方案，模拟面对困境时会怎么做，坚持执行下去。记住，倘若你一直"假装"某事是真的，它真有可能变成真的。正如哈夫洛克·埃利斯在《生命之舞》（*The Dance of Life*）中所指出的那样，这才是幻想作品带给人类生活的真正意义。这也是汉斯·费英格在其著作《"仿佛"哲学》（*The Philosophy of 'As if'*）中表达的意思。

18. 让愤怒打败恐惧

在解决困难时，倘若恐惧让你不安，那就在你的困扰里找到可以激起你愤怒的点。停留在这些点上，直到唤起你的愤怒，恐惧就会消失。或者试试深入思考你的麻烦，拼命释放好奇心，如此一来，恐惧也会减少。我知道有一个女孩，她曾被一个毫不值得的男人伤害感情，而等她开始深思他的人格真相，就丧失了对他的所有爱意，一种主导情感总是会覆盖掉其他次要情感。

19. 改变的力量

一切人与事都处于变化中。有可能再过 20 年，你丈夫就不会像现在这么蠢了。他正在成熟 —— 虽然挺慢。要解决的问题，不是你现在能不能忍受他，而是他还有没有进步的希望。别把他现在的样子，跟你希望他成为的样子进行比较，那样会让你抓狂。不妨研究研究他改变的频率，这才是我们衡量事物该采用的评估基准。

20. 钻石和泥土

在南非，人人都挖钻石。为找到一块指甲盖大小的钻石，人们要翻开成吨成吨的泥土。而在日常生活中，人们常常忘记这一原则，就因为泥土比钻石多，就变得悲观。当麻烦来临时，别被其负面吓倒，要看清它正面的一面，把这一面挖掘出来 —— 它如此珍贵，就算要为之挖开万顷泥土也是值得的。

21. 反向思维

倘若解决问题毫无头绪，那么不妨刻意寻找一下问题的对立面，然后把对立的事物结合起来，看看能够擦出什么火花。这种方法总能唤醒头脑。例如，我曾经想成为一名肖像画家，但我也想要填饱肚子，于是，我将"香肠""鞋套""无聊""阁楼""呻吟"和"画肖像"结合在了一起，这一组合令我深感痛心。我立刻决定，我不想花着时间，穿着鞋套，做无聊的事，就为了给香肠制造商的妻子画肖像，即使她在我画画的时候，愿意听我抱怨不休。

22. 永不停止实验

人类几个世纪以来所取得的所有重要进步，都要归功于科学实验。你我都知道这一点，却经常忽略它。面对麻烦时，我们很少在行动中保持明智、安全和谨慎的实验精神，而是任由自己陷入愤怒和任性。

坚持实验，对局势各部分进行调整，以此观察在各种情形下人们会如何反应。当我们一块一块摸索，对麻烦这块拼图的各个部分进行推演，我们会惊讶地发现，事情渐渐得到了改善。

23. 寻求帮助

我认识一个发了大财的股票经纪人，但他发财不是因为华尔街的工作，而是一件简单的事 —— 只需要一些邮票、信封和信纸，还有一点时间。这个人每天都寄出一堆信，向别人寻求这样或那样的帮助。不是所有人都认识他，他也不认识所有他寄信去的人，但平均回信率很高，以至于人们总是为他做事（顺便说一句，他也为这些人做事）。他一天寄五封信，我收到过两封，他想让我做的事简单合理，我就照做了。后来碰到他，我问他怎么碰巧给我写信，他就解释了这个简单的小秘密。所以（带着他的祝福）我也把这个秘密传递给你。显然，他的方法奏效了，因为在我的帮助下，他出了一本书，还挺畅销的。其他人也在各个方面帮助过他。他的秘诀是，寻求帮助这件事不是单向的：如果你向他求助，他也准备好了帮助你。

> 个体的牺牲（说的就是你）
>
> 既破坏自己的幸福，也破坏社会福祉。

案例49　个人权利提案

人生真是处处疯狂，一遇到这等场面，提前拟定保护性措施，就显得特别重要。你愿意的话，看看周遭都发生了些什么吧。举个例子，在你家里，你家人对你的生活态度表达了强烈不满。**你可能相信人有基本的人权，觉得任何尊重自己的人都不该放弃自己的权利。而你的七大姑八大姨，还有其他亲戚，却毫不在乎你的隐私，不断践踏你的独立人格。**

又或者，你不喜欢年轻人的自由。你宣称要尊重长辈，但孩子们根本不同意。如果你是守旧派，你觉得你随时都能进你女儿的房间，不管她多大年纪了。她是"你的孩子"，不是吗？你这么说。如今的家庭生活就像是一锅粥，各种关于人权和特权的矛盾观点都搅和在一起了。

政治体系里也有同样激烈的矛盾，尽管美国的状况不像欧洲国家那么复杂，但各路人马仍大张旗鼓地争取自由，争夺自身的控制权。工会成员争起利益，跟过去的企业家一样满是侵略性。

少数人——少得可怜的一部分——祈求明智的解决方案，祈求在无情的暴乱和严格的监管之间的中庸之道。极端只会导致毁灭。倘若我们连家庭内的自由都实现不了，国家的自由也不可能实现。而自由倘若需要实现，必须首先是一种精神。家庭中的集体主义令每个人的财产都成了集体的财产，允许集体去掠夺个人。而家庭中那个将所有人的财产置于一人所有，就是最贪婪、最无情的霸主，它纵容个体去掠夺群体。

民主——在任何地方都很少实现，在家庭中就更少见——它能在满足集体权利的同时满足个人权利，能在不破坏社会要求的前提下实现个人需要。

这就是我们祖辈的信念。而现代科研人员同样证实了这一点。生物学家、人类学家、社会学家、心理学家都知道，且从心里理解，个体的健康和活力对自己、对社会（由无数自我组成的结合体）都同样重要。

倘若不了解每个人的基本权利，你就无法带着信心和能力，解决所有日常问题。你就无法真正知道，为什么建设性的自私是实现明智的无私的必经之路，为什么个体的牺牲（说的就是你）既破坏自己的幸福，也破坏社会福祉。

在我们祖先认为保持洁净就是邪恶的那个年代里，医学就成了对"无私"准则的挑战，这些准则根植于当时的伦理观中。第一批医生被关进黑暗的地牢，做着自己的工作。今日，我们同样在为健全心智和个人权利而奋斗。我们相信天赋人权，我们确信，人的生物本能和欲望动力对生命不可或缺。我们看到，当人做出选择时，即在行使做人的权利。

现代科学定义下的良性自私

- 一种生物冲动——为了延续后代。
- 保护自身机体的自发行为。
- 执行本能冲动的过程。
- 彰显个人力量的本能反应。
- 保护自身人格健全的心理动力。
- 实现个人目标的推动力。
- 为强化本能做出的理智行为。
- 因心理倾向而做出的潜意识反应。
- 因个性差异而产生的人性冲动。
- 防止被集体意识淹没而表现的个人意识。

用日常用语来说，这一清单意味着，我们有在属于自己的地方独处的权利：一个私人房间、庇护所、心灵栖息处、大本营，总之，它们会充当一个保护壳，保护我们的天性不受侵害。食物、衣服和住所是基本人权，为实现这个目标，社会与他人的保护均必不可少。正因如此，自由、平等、博爱才能成为奠定互助精神的关键因素，没有它们，就谈不上安全、栖息、玩耍，和通过努力获得回报。

因此，在个人交往中，我们应该努力保护爱、性和自由，个人的"堡垒"将成为家庭的城堡，我们每个人都该视此为自身追求。

良性自私范例

- 相信一件事倘若对自己有益，最终也不会伤害别人。
- 相信生命唯一的责任就是尽己所能。
- 给自己时间去思考，去决定，去发展。
- 保护并培养自己基因里的天赋。
- 永不停止成长、发展、进化的脚步。
- 尊重本性，接受自我。
- 保护自己免遭一切妥协和污染。
- 爱人如爱己，且明白其中的深意。
- 无论可能伤害到谁，都只为爱而踏入婚姻。
- 对抗并无视一切邪恶的自私。
- 反抗根深蒂固的偏见。
- 抵御邪恶自私的威压。
- 完全地、真诚地、永远地做自己。

　　美国人现在的政治自由有赖于《大宪章》，在此基础上，我们才建立宪法保护自己的国家。今天，我们需要另一部"大宪章"：一部保护我们个人权利的法案，这一文件应包括：

个人权利提案

- 我们有权拒绝被高压政策逼迫着做事。
- 我们有权不受传统束缚，自己发展自己对善恶的信念。
- 我们有权表达自己的个性。
- 我们有权无视"约定俗成"，在不损害社会的前提下，追求个人的发展。
- 我们有权以长时间（例如十年）内的整体行为接受平均评估，而非因单一事件被人盖棺定论。
- 我们有权将个人性格问题不归因于自己，而归因于上一代的影响。
- 我们有权"适应自己的天性"，去成长，去拓展。
- 我们有权根据自身需求改善环境。
- 我们有权根据自身体质决定饮食。
- 我们有权根据个人资质选择工作。
- 我们有权休息，恢复精力。
- 我们有权欢乐、玩耍、重拾活力。
- 我们有权享有空间，可以充分呼吸，自由行动。
- 我们有权享有自由，按自己的想法生活。
- 我们有权享有爱和性满足。
- 我们有权遵循繁衍的本能。
- 我们有权养育并保护后代。

- 我们有权躲避自然风险。

- 我们有权让身体获得保护与温暖。

- 我们有权尽可能避免伤害和疾病。

- 我们有权渴了就喝水。

- 我们有权改过自新，且保有自己的自尊。

- 我们有权保有所有身体上的隐私。

- 我们有权根据自身信念去思考、去感受。

考虑对生活艺术的现代解释时，我们得清楚看到，那就是适当的自私，可不包括自我中心主义的自私行为。在这种新哲学体系里，也不包括无政府主义或者排挤别人。你当然不应该屈服于别人自我放纵的要求，也不应该在他人无理要求你牺牲时，因恐惧而不敢拒绝。但在践行这种新的生活态度时，也不该有掠夺式的贪婪。

你的自我关注，最终是为了保护并发展自己的能力，这样你就可以继续成长。你要相信，对自己意义重大的事，最终也会给别人带来意义。给自己时间去思考、去决定、去发展。借由遵循自身天性，保护自己不受他人干扰，以完成更大的目标、更广阔的自我实现。记住一个毫无附加条款的教诲——爱自己。

拒绝非理性的陈词滥调，否认所有无知的自私，拿出武器，反对过时的习俗。拒绝所有邪恶"无私"的要挟，无论会为此伤害谁。只为爱而结婚，即使是在亲密关系中也坚持做自己。

你也会意识到，对自身力量的任何忽视、滥用或否认，都会让自身独立人格被削弱，最终，你会被动接受生活的安排，而非主动创造生活。邪恶的自私就是只索取而不给予。

在原始的贪婪和建设性的自私之间，有一个重要的区别，就是是否具有自由人的态度。自由人相信，他有权要求别人考虑他的个性，同时他也会考虑别人的个性。他不希望被纵容，也不希望有人做了破坏性行为却不受惩罚。

如果是我侵犯了他人的权利，我将提心吊胆地担心他人的报复，再也无法正常生活。

此外，比起为了让少数天才得以发挥自身能力而纵容他们的掠夺性行为，更好的做法或许是舍弃少数天才的价值。我们希望被外界承认，这是天性，但倘若为此而贬低他人，或为自身利益而剥削他人，都是残忍的行为。

任何掠夺行为都是恶行。它常常假借商业名义被美化，将自私包装为美德，将罪责粉饰成追求更好的生活，将自己的罪都推到替罪羊身上。**这种秉持自我主义的人，通常不满足于仅得到自己的劳动所得，他们的每一分付出都想获得无止境的回报。倘若他们为你服务一次，余生都会靠这个索取回报。**你也见过这种女人，她们指望用生育代替个人努力，余生都借此作威作福。

任何时候，只要占有欲、嫉妒、统治欲或虚荣主导言行，那就是贪婪在作祟，而非良性自私在主导。自我主义者要求优先权，他的欲望总是无法满足。他想做的事必须达成。他为所欲为，要求你按他的想法做事。他以小人的标准要求自己，以圣人的标准要求你。一旦有人不顺从，他就会摔东砸西——如果球没打中，就砸断高尔夫球杆，东西不好使，那就踢上几脚。这些人也根本不想通过努力赢得自己想要的，他们只想让别人屈从。

贪婪的人善于隐藏自己的意图，他们在这一点上比其他人都高出一筹。也是这些人，最经常谈论爱和美德。

恶性自私的例子

- 保持占有欲的同时大谈"自我牺牲"。
- 没完没了地谈着"不要这么自我"。
- 做了一件好事就要告诉全世界。
- 把别人的责任转嫁到你身上。
- 企图通过别人的生命而活。
- 在生活里要求得多，给予得少。
- 提倡民主却剥削穷人。
- 相信人有阶级之分，有奢侈的权利。
- 向上天祈求特别眷顾。
- 在任何竞争中都出于虚荣，想出风头。
- 看重骄傲胜过看重真理。
- 拒绝相信互利互助。
- 寻求私利，不想着对社会做贡献。

- 以掠夺行为代替合作。

- 为了维护自己的利益，拒绝善行。

- 一心为钱，不考虑社会损失。

- 骄傲自满。

- 将自我凌驾于宇宙法则之上。

将良性自私与恶性自私相互比较，结果会更加明显：

引发恶性自私的推动力

- 恐惧、愤怒、厌恶。

- 性欲、支配欲。

- 父母的控制。

- 占有、逃避。

- 排斥、好战。

- 自我感觉良好、骄傲。

- 仇恨、嫉妒、贪婪。

- 报复、支配。

- 虚荣、狭隘。

- 自我主义、怀恨在心。

- 占有欲、渴求权力。

- 无政府主义、独裁。

引发良性自私的推动力

- 谨慎、勇气。
- 喜悦、惊奇。
- 温柔、教养。
- 好奇心、基于爱的性行为。
- 合群。
- 合作。
- 同情。
- 建设、善作。
- 玩耍、敬意、爱。
- 保护自己、守护荣誉。
- 尊重、忍耐。
- 独立、互助。
- 民主和自由。

必须明白，在这个现代哲学教会我们的新观点中，痛苦的出现自有其目的，它教会我们，必须摒弃贪婪、嫉妒、报复、仇恨和表里不一。痛苦会惩罚我们，直到我们学会抛弃邪恶的自私和虚假的无私，转而追求建设性的自我关注与互助情谊。

开拓自己的意识，是推动进化的最佳手段。我们并不能克制原始本能，而是在发展它们，当我们看到对抗和敌意有多愚蠢，它们慢慢就会不再出现。急躁和恶意也同样会消失。当自我意识觉醒，取代了往日的自私任性，傲慢和固执自然也会随之改变。

出于这个原因，明智的人不会攻击本能，或强制让掠夺本能转为善良。他们知道这是一个自我发展问题。人们也唯有通过成长，才能脱离野蛮。正因如此，光说教也没什么意义。与贪婪的人交往必须掌握平衡，如果你不得不留在他的圈子里，你得考虑好自己的基本需求；将你的目标转化为坚定信念，想出至少六种绝不屈从的方式，然后无须更多争辩，冷静、坚定、不屈不挠地实现自己的目标。**不必浪费时间跟一个自私鬼解释自己的计划。**

倘若因两人天性上有出入，从而被争斗唤醒了自私，那此时，沉默是明智的。我们天性里一部分如同天使，另一部分又充满恶意。我们心中的魔鬼有时会浮现，倘若任它胡来，那我们自己都会不太认识自己，最终只能悲伤地望着月亮，为自己的愤怒而悔恨。

只有我们真正知道何为慷慨，在自己良善的一面展现时，人生的意义才能彰显。有太多人为了掩饰贪婪，而喋喋不休地说着自己多么善良，不过是为了给别人看的。

我们都认识那种对生活规划一窍不通，总是为了别人卖命的人。他看上去人挺好的，做事方式也挺受欢迎。但是最终，你或者某人，总是要为他的牺牲付出代价。因为他终有一天一无所有，只能从你身上获取资源。

恶性无私的例子与本质

- 为了荣耀而行善。
- 监视他人的道德表现。
- 帮助穷人，同时像寄生虫一样以剥削穷人为生。
- 为寻求归属感而加入人道主义社团。
- 以不义之财建立成功基业。
- 为了后代利益而践踏社会福祉。
- 以贪婪的父母之爱满足自我。
- 不让别人自己承担自己行动的后果。
- 不让别人通过痛苦得到成长。
- 支持自己并不相信的信仰或组织。
- 为他人的舒适和乐趣而自我委屈甚至牺牲。
- 为取悦他人而做出"违背生命"的行为。
- 否定自己，沦为他人的负担。
- 用自以为的崇高来压迫别人。
- 坚持有违社会福祉的习俗、信念或教条。
- 出于社交宣传的目的而信仰上帝。

　　研究一下通常的"无私的人"，你会发现他们不过是压抑自我，他们精神空虚，所以接受别人的人生观念。这是对善意的嘲讽，对美德的忽视。他以神圣的名义抑制了自己的冲动，压抑了自己的欲望，阻碍了自己的思想。你相信生命活力，他对此感到震惊。你谈论活力，你相信自然的力量，这都让他感到害怕。他会想尽一切办法束缚你、限制你，消灭你的热情。他讨厌你的热忱。

"无私"最坏的形式就是对自我的恐惧。 奇怪的是，人们很久之前就该意识到，这样的态度只会导致疾病和死亡——在自然界里，这个原则无比明确。生物如果抗拒自己的力量，就会变得病弱。而生命获得成功，就在于顺应自身创造力的方向去发展。任何情况下，压抑、限制和约束，都不是什么好的发展方向。

正因如此，**自我压抑的人格只会导向失败，** "无私"的人也会最终成为同伴的负担。每一个自我牺牲者的人生故事都能证明，最终不仅他自己，所有人也都得变成牺牲品。他生病了，别人得护理他，他失败了，别人得为他分担。他成了一个生命的毁灭者。

相反的，开拓自己的人格，发展鲜活的生命力，并不会从他人身上掠夺什么。这些人会给自己赢得生存能力，他们使用自己，而非牺牲自己。他们利用自身能力让自己成为有益于社会发展与安全的利器。那些提倡旧式无私行为的人，倡导的是自我否定式的英雄行为，他们寻求的是夸耀式的牺牲，那种足以满足他们虚荣心的大牺牲。他们很少费心去从小事做起，从小任务做起，从日常职责做起——如果他们这样做了，起码得一辈子都挂在嘴上。

为了跟这种不良的自私做对比，我们简单回顾一下**良性无私：**

良性无私

- 只做对生活有建设性的事。

- 推己及人。

- 在真理面前放下自我。

- 遵循积极的不抵抗政策，以德服人。

- 永远不会为了家人而损害人类的最大利益。

- 将自己全然地投入到创造性的生活任务中。

- 为工作中的胜利而全情投入。

- 毫不犹豫地执行真正的社会服务。

- 遵从并发扬合作精神。

- 坚持并遵守互助原则。

- 既然愿意为他人而死，也就该为他人而生。

- 绝不依靠不劳而获过活。

- 拒绝任何阶级、等级、地位特权。

- 以民主作为生活基础，并宣扬民主。

- 隐私、自由、平等和独立思考，即便是对你的孩子。

- 允许每个人都有选择的权利。

- 不向神灵祈祷特权。

简而言之，**拒绝所有冷酷无情的自我满足，拒绝所有自我妥协，才是你与生俱来的特权**。没有合作，个体就没有权利；没有诚信，互助就没有力量；没有爱与智慧的结合，服务他人与社会也无从谈起。

“

人生就如同一场冒险，

但他们再也不会感到畏惧了。

案例 50　活出生命的意义

　　或许到了 40 岁，你的人生才刚刚开始。这取决于你怎么定义人生。而很多情况下，死亡也是从这个岁数开始。假设你是一个女人，已经过了这个曾经的"致命年龄"（人类先祖的寿命）；假设你的孩子结婚了，定居远方，你的丈夫去世了，留下一笔保险金给你。你的过去没让你培养出什么能力，你的神经也已迟钝，你的腺体功能退化，财务上还不稳定。

　　生活是就此混吃等死吗？如果不是，对上了年纪的人来说，生活的意义是什么呢？答案就在以下三种行为中：

1. 回顾
2. 内省
3. 展望

　　当你处于人生最好的年纪时，你最感兴趣的是什么？你喜欢大自然吗？那就现在去吧！运动，锻炼，为身体注入年轻的活力。你喜欢艺术、音乐或机械吗？你梦想着出去旅行吗？去实现这些目标吧，即使你只能在地图上探索世界，或者只能在口琴上创造音乐。但让自己复苏吧，复苏是生命的法则。

　　回顾过去，分析现在，看看内心深处，有什么挥之不去的渴望？勇敢地追逐这些渴望吧。每天消除一两件让自己不满的事，找到两三件能让你满意的事。不断地朝着令人愉快的生活方式转变吧。

　　最后，规划未来。你渴望在晚年享有什么样的生活乐趣？成熟的果实往往比青涩的果实更饱满、更甜蜜、更红润。人生也是如此。只要自己愿意，后面的日子就会越来越醇香。

发生在梅德福太太身上的变化，便是许多人经历中的典型。一切都来得很突然。她在从加州回来的路上，停下来探望苏珊姑姑。苏珊住在女儿帕蒂家里，是典型的寄人篱下又爱发牢骚的人，没有自己的生活，只能接受孩子不情愿的赡养。56岁的苏珊，是个满眼绝望的老妇人，每天都无所事事。

梅德福吓得对自己发誓："我绝不变成依赖别人的老人！绝不，绝不，绝不！从现在开始，我要有更多朋友，更多乐趣，更多事可做——我得过有意思的人生，有意思到让我不怕孤独。"

如何迎接老年生活，取决于我们如何度过青年和中年时代。只有学会了让生命每时每刻的经历都有收获的人，才能从人生经历里得到答案。他或许用手指捻着一朵花，仔细看着花瓣，又或者把一只睡着的小猫抱在腿上。倘若无法从这些零散生活片段里获得触动，那么，纵使拥有女神之吻或英雄之路，也无法令他狂喜。

除非我们能彻底享受其中，否则，最大的荣誉、最珍贵的爱，都会成为牢笼。除非在任何环境中，我们都能全力以赴，追求人生乐趣，否则，我们就不可能通过摆脱俗套的工作和死气沉沉的家庭生活来获得幸福。

从不适合自己的工作或令人厌倦的婚姻里解脱出来，才能让自己精神富足，给自己赢得更好的命运。**阴郁的叛逆或彻底的屈服，都不会带来什么满足。愤世嫉俗或逆来顺受的人，只配做命运的奴隶。**

倘若一个问题，眼下没有立竿见影的解决办法，那就继续寻找。你不主动，生活可不会自己解决问题。我们必须不断进步。相信"唯一能做的就是忍受"可不是一个答案，那些虔诚地听天由命的人是最不幸的人。如果我平静地双手合十，等着别人把我从困境里拯救出来，我得等一辈子。

烦恼能准确地找上所有放弃生命活力的人。只要人们觉得受苦是上天的旨意，那它就真成了上天的旨意。只有停止合掌祈祷，才能停止受难。

面对生活的压力，答案只有一个，并且很简单：勇敢。面对不停地流逝的生命而努力生活，你反正不会再有另一次人生。**给自己愿意承受的东西设定一个下限，把这个称为你的边界，你的个性之墙，一条"此处禁止通行"的线。不管他们是谁、是什么，带着什么麻烦、责任、重担，只要试图侵扰你的灵魂，就让他们滚一边去。**

用一些时间，去看看云，去听听音乐，去摆弄摆弄机械，或者和"臭味相投"的朋友一起笑一笑。**有些人能滋养你的灵魂，那就去找他，别让自己死于精神营养不良。**如果囿于责任和日常琐碎，再用沉醉声色获得短暂的逃离，那只能说是凑合活着。在美国，无数人沉浸于工作和逃离——用工作维生，再用逃离忘却；用酒精麻痹，在黑暗中纵情声色，以获得暂时的自我遗忘。

对所有人而言，最重要的需求莫过于找出内在目标，即我们内心深处的信念和热情。而这样的信念和热情，会在我们心中建立起一处庇护所，只要回到那里，我们就能重拾力量。

每个伟大的画家、作曲家或诗人的内心深处，都存在这样一处庇护所。我们在科学家和工程师身上，同样也能找到它的影踪。它存于人的意识深处，为生活创造了一种新的样式，带来了新的奋斗理由。倘若我们能有意识地追寻这种内在动力，在其中不断获得建设更好、更智慧的生活的信念和力量，在面对生活考验时，我们就能不断自我更新，重塑自己的生活，找到继续应对生活考验的动力。而这正是无数人所缺乏的关键性认知。

然而，倘若你不先找到自己，你就不会获得这处庇护所；无论必须做出多大改变，都不要放弃感知真正的内在存在。因为这其中，就存有你改变自己的力量。只要你一天一天，一年一年，不放弃寻找，你所寻的，终将找到机会自我浮现。

只有你选择了改变，改变方能发生。当你敢于说出"我绝不自我妥协"时，那么从这一刻起，力量会像从母体中出生的海格力斯一般降世。当你永远抛开所有自我满足，所有无情和幼稚的报复，所有嫉妒和贪婪，在科学的指引下，遵循自然的意志，寻求自私的艺术，这种力量就会永远存在。

在发现自我这一方面，这种创造性的顿悟能带来奇迹。随之而来的，是本性力量的复苏，是真正意义上突破自我主义的坟墓，是源源不绝的生命力。这种感觉就像一个人忽然摆脱了长久以来的困顿和迷惑，这种充满戏剧张力的时刻，经历过的人根本不会忘记。

许多人用"仿佛改变了信仰"来形容这样的时刻。对于第一次经历这种情况的人，最显著的改变就是，他们看清了生活的本来面目，触及了真正的现实，也触及了自己内心真正的核心。**他们的人生或自我，再也不会被割裂。他们不再用陈旧的价值观来思考或行动，而是通过崭新的觉醒意识看待世间万物。对这些人而言，人生就如同一场冒险，但他们再也不会感到畏惧了。**